AF619344

TRAVAUX
HORTICOLES MENSUELS

Par C.-F. VILLERMOZ.

TRAVAUX
HORTICOLES MENSUELS

PRÉSENTÉS A LA

SOCIÉTÉ IMPÉRIALE D'HORTICULTURE PRATIQUE
du Rhône

Par C.-F. WILLERMOZ

DIRECTEUR DE L'ÉCOLE DÉPARTEMENTALE D'HORTICULTURE DU RHÔNE

à Ecully-lès Lyon.

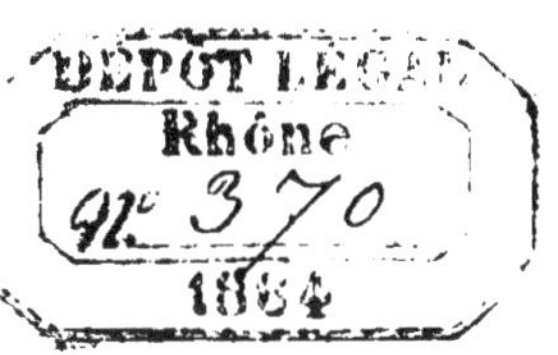

LYON.

IMPRIMERIE ET LITHOGRAPHIE DE J NIGON,

Rue Poulaillerie, 2.

1864.

PRÉFACE

Les travaux horticoles à exécuter dans le courant de chacun des douze mois de l'année, ont été, de tout temps, indiqués dans les Traités d'Horticulture ; ils ont même été constamment reproduits dans certains calendriers; mais ces Traités, la plupart anciens, ou n'embrassaient pas la généralité des cultures, ou n'étaient pas au niveau de la science acquise aujourd'hui, ou enfin ne comprenaient pas les importations nouvelles et les gains nombreux récemment obtenus.

Combler cette lacune regrettable appartenait à M. C.-F. Willermoz, qui a bien voulu doter le Bulletin de la Société impériale d'Horticulture pratique du Rhône d'un Traité raisonné et méthodique des travaux horticoles à exécuter pendant les douze mois de l'année!

Ce traité est divisé :

1° En cultures potagères naturelles;

2° — de jardins d'agrément;

3° — de couches et serres tempérées;

4° — d'arbres fruitiers et pépinières;

5° — de floriculture pleine terre;

6° — de serres tempérées et de serres froides;

7° — maraîchères;

8° — d'arboriculture fruitière.

Dans cet important traité, qu'on peut qualifier de *vade-mecum* du jardinier, l'auteur indique non-seulement le temps opportun des cultures ou des soins particuliers à donner aux végétaux, mais encore, avec détails suffisants, les gains nouveaux et les importations récentes, dont il conseille la culture après les avoir soumis à de nombreux essais.

La publication des travaux horticoles mensuels a été faite dans les Bulletins de 1859, pages 42, 65, 77, 107 et 127; de 1861, pages 57, 148, 296, 325, 339 et 350; enfin, de 1862, page 42.

Il convenait de faire cesser au plus tôt l'inconvénient d'une telle dispersion, et l'utilité de réunir ces divers articles en un seul a été reconnue si grande, que la réimpression a été votée à l'unanimité par l'Assemblée générale du 24 septembre 1862.

De Pontbriant,

Vice-Président de la Société impériale d'Horticulture pratique du Rhône.

TRAVAUX
HORTICOLES MENSUELS

PRÉSENTÉS A LA

Société impériale d'Horticulture pratique du Rhône

Par C.-F. VILLERMOZ

Directeur de l'Ecole départementale d'Horticulture du Rhône
à Ecully-lès-Lyon.

Janvier.

Les travaux horticoles du mois qui ouvre l'année sont à peu près les mêmes que ceux du mois qui la ferme. En cas de pluie et de neige, l'horticulteur emploiera ses loisirs aux mêmes occupations : il réparera tout ce qui en a besoin ; préparera et mettra en état tout ce qui doit servir, lorsque arriveront les bons jours de travail. S'il gèle et qu'il fasse un temps sec, il continue à transporter toutes les matières utiles et nécessaires pour ameublir et amender le sol ; s'il fait un temps doux et que la terre ne soit pas trop humide, il laboure les parties qui n'ont pas reçu d'abondantes fumures depuis deux ou trois ans ; il les fume fortement, ce qui ne doit pas le dispenser de les fumer encore, mais superficiellement, toutes les fois qu'il procèdera à un nouvel assolement, à moins cependant que la plante destinée à être cultivée ne réclame pas de fumure nouvelle. Il défonce et amende par des composts, des terreaux, de la chaux, du sable, etc., les carrés qui en ont besoin ; il continue les drainages commencés; il dispose et prépare le terrain pour la plantation des asperges, qu'il exécutera dans les mois de mars et d'avril, selon l'état de la température.

Le jardinier ne négligera pas de découvrir les artichauts, toutes les fois que le temps le permettra ; il aura la précaution de tenir à sa portée les matières nécessaires pour les recouvrir si le temps se met au froid, c'est-à-dire qu'il agira, dans cette circonstance, comme nous l'avons indiqué, pour la même cause, au mois de novembre dernier.

1° — Culture maraichère.

Semis. — A moins d'avoir à sa disposition un terrain un peu incliné et parfaitement abrité, le jardinier a peu de choses à semer à l'air libre; mais si une partie de son jardin se trouve dans des conditions avantageuses, c'est-à-dire à l'abri des grands froids et des vents du nord, il peut semer dans ce mois, à la meilleure exposition, la *Carotte demi-longue*, l'*Oignon blanc*, la *Fève de marais*, le *Panais demi-long*, les *Pois hâtifs* et l'*Épinard*.

2° — Floriculture.

Les jardins d'agrément sont pauvres, peu de plantes fleurissent à l'air libre avec le mois de janvier ; toutefois, si le temps n'a pas été trop rigoureux, on peut espérer de trouver éclos, vers la fin du mois, les *Perce-Neige*, le *Tussilage odorant*, la *Violette*, le *Daphne Mezereum* ou Bois gentil et le *Calycanthus præcox*.

Par un temps sec et sans gelée, le jardinier taille les Rosiers des massifs et du parterre. Quelques auteurs recommandent de tailler court les espèces faibles, et de tailler long les espèces robustes; mais l'expérience a démontré qu'en général la taille plutôt courte que longue est favorable à presque toutes les espèces de Rosiers cultivés en massifs ou en plates-bandes. On profite d'un temps semblable pour planter dans les places vacantes le *Coignassier du Japon*, dont on possède aujourd'hui de si intéressantes variétés, les *Crocus*, les *Mégases* ou Saxifrages à feuilles épaisses, les *Primevères à grandes fleurs* et quelques autres plantes qui doivent fleurir vers la fin du mois.

Couches, Serres froides et tempérées.

Le primeuriste entretient les couches et ranime leur chaleur par des réchauds; il en monte de nouvelles, et continue tous les travaux qu'il a commencés précédemment. Il sème sur couche le Chou-fleur Lenormand, le demi-dur, le pied court, le chou d'York, le nain hâtif d'Erfurt et quelques autres variétés précoces qu'il repiquera, à la fin de l'hiver, dans les carrés où le besoin se fera sentir.

Le fleuriste donnera beaucoup d'air et peu d'eau aux plantes de serre froide, un peu plus à celles de serre tempérée; il laissera à sec les plantes grasses. L'air et l'eau ne doivent jamais être froids, mais toujours à peu près à la même température que les serres.

Dans ce mois, la serre tempérée commence à fournir beaucoup de fleurs: la *Primevère de la Chine*, les *Jacinthes*, les *Tulipes Duc de Thol* forcées, les *Bruyères* aux élégantes et fraîches corolles, quelques *Camélias* précoces, quelques *Azalées de l'Inde*. Les *Rosiers de l'Inde*, du *Bengale*, etc., l'*OEillet* remontant; les *Lilas de Perse et de Marly*, le *Strélitzia reginæ*, l'*Héliotrope du Pérou* et le *Daphné de l'Inde* sont autant de plantes qui dédommagent le jardinier de ses peines et qui doivent lui faire trouver dans leur vente facile, la juste récompense due à ses travaux.

3° — Arboriculture.

Si l'automne a été sec et beau, les pépinières doivent être déjà bien dégarnies. Les déplantations ont dû faire remuer beaucoup de terre. C'est un grand bien pour le sol qui se trouve fertilisé tout naturellement à la fin de l'hiver, car les neiges, les gelées et le dégel amendent cette terre déplacée et la rendent propice à recevoir d'autres végétaux au premier printemps, sans être obligé de lui donner une forte quantité d'engrais.

On continue pendant ce mois, si le temps le permet, la taille des arbres fruitiers et leur plantation, en procédant comme au mois dernier, c'est-à-dire toujours par les espèces et les variétés les moins vigoureuses et toujours par un temps favorable. Si le temps est humide, on en profite pour nettoyer les vieux arbres et les débarrasser de leurs vieilles écorces. Après le nettoyage, on passe sur la partie râclée et sur celles recouvertes de fragments de mousse et de lichen, une couche au pinceau de sulfure de calcium. Cette matière rend à l'arbre la santé, la vigueur et la fertilité ; elle est bien préférable au lait de chaux qui, le plus souvent très mal appliqué, produit un mauvais effet et rend l'arbre fort disgracieux. Les personnes qui badigeonnent ainsi leurs arbres augmentent le mal au lieu de le guérir. C'est de l'eau de chaux que le vieillard et le malade demandent, et non une couche blanche et épaisse qui ne les guérit jamais et souvent les asphyxie.

On prépare les trous et les tranchées pour les plantations tardives : on détruit les bourses et les nids de chenilles par le feu. On répare et on confectionne les treillages pour les espaliers et les contre-espaliers ; on défonce les pépinières vides avec la précaution d'enlever toutes les racines vertes ou sèches qu'on rencontre. Si le pépiniériste est dans l'intention de replanter après le défoncement, il ne doit pas oublier de fumer abondamment le sol avec de riches terreaux, mélangés de substances animales, sèches ou pulvérulentes ; il aura aussi la précaution de planter des arbres d'essence différente de celles des arbres enlevés ; sans ces précautions, la plantation nouvelle languit, ce qui fait peu le compte du planteur. Une ou deux récoltes de plantes sarclées produiraient un effet salutaire dans le sol avant de lui confier de nouveaux arbres.

Le pépiniériste prépare, pendant ce mois, quelques boutures et quelques scions d'arbres fruitiers, qu'il utilisera à la fin du mois prochain ou dans le courant d'avril ; il profite des beaux jours pour semer en planche ou en caisse, s'il ne peut faire autrement, les graines des *Pins maritime, noir d'Autriche, sylvestre et Laricio*, de divers *Cyprès*, d'*Arbouzier*, de *Paliure épineux*, de plusieurs *Magnolias*, de *Nerprun*, *Alaterne*, de *Papilozu* et de *Micocoulier*. Il fait stratifier ou il sème les *Noix*, les *Châtaignes*, les *Marrons*, les glands des *Chênes-Liége*, *pyramidal*, *Kermès*, *vert*, *rouge*, ainsi que ceux des chênes de l'Amérique septentrionale.

Plantes recommandées.

1° — Culture maraichère.

Les semis de Fraises à gros fruits se multiplient à l'infini. La *Reine des fraises* nous a donné une variété plus belle, aussi bonne et plus hâtive qu'elle, nous avons obtenu de l'*Elton* une fraise très belle, très bonne et tardive. Les nouveaux gains en précoces et tardives, semblent se multiplier de plus en plus. Parmi ces dernières, il faut citer en première ligne :

Fraise Ananas tardive de Frogmore. Fruit de première grosseur, peu sujet à varier, généralement conique, seulement dans des cas assez rares, aplati en coin d'un beau rouge foncé et très luisant. Les graines ne s'enfoncent que faiblement dans la chair; quelques fruits mesurent 52 millimètres de largeur sur 48 de hauteur. La chair est ferme, mais non fibreuse; elle a beaucoup de jus et de parfum. Cette variété mûrit son fruit plus tard que les autres variétés tardives déjà connues. Ce fruits se conserve assez longtemps et peut se transporter sans danger. La plante est excessivement forte et vigoureuse. Disons maintenant encore un mot sur la très belle Fraise hâtive due à la persévérance d'un de nos grands semeurs, M. Lebreton.

Fraise Marguerite. Cette variété est précieuse pour la culture forcée, et convient parfaitement à la culture de pleine terre. Cultivée dans cette condition, elle mûrit ses fruits avant la fin de mai; la maturité se prolonge jusqu'à la fin de juin. Cette variété est ainsi qualifiée par M. le comte de Lambertye, amateur des plus compétents : *vigueur, rusticité, précocité, fertilité, grande beauté, bonté et se forçant à merveille.* Quelques fruits sont coniques, allongés; d'autres sont aplatis en coin; les plus gros mesurent 6 centimètres de hauteur sur 4 de largeur. Tous sont d'un beau rouge cerise brillant; la chair est blanche dans le centre du fruit, et vermillonnée sur ses bords.

Nous revenons aussi sur deux variétés de Fraises dont nous avons déjà parlé, pour en donner la description.

Fraise Impératrice Eugénie. La plante est très vigoureuse et se plait dans tous les terrains; les fleurs, de moyenne grandeur, sont hermaphrodites, parfaites; les fruits se nouent par conséquent avec la plus grande facilité. Ces fruits sont très gros, souvent énormes, de forme ronde ou allongée, et en crête de coq ou en tomate, lorsqu'ils sont arrivés au maximum de leur grosseur; ils sont d'un rouge pourpre luisant, à graines saillantes, à chair rouge vif, très pleine, ferme, juteuse, sucrée et parfumée; maturité ordinaire. On a récolté sur un seul pied un kilogramme de fraises parfaitement mûres, dont plusieurs étaient du poids énorme de 60 à 75 grammes.

Fraise Napoléon III. La plante est d'une très grande vigueur et d'une fertilité étonnante; le fruit tardif est gros ou très gros, de forme arrondie ou aplatie, de couleur orange vif, à graines peu enfoncées; la chair est pleine, très ferme, blanche, sucrée et agréablement acidulée.

Chou frisé d'hiver. Pomme serrée, grosse, acquérant une grande blancheur à la maturité qui se prolonge pendant tout l'hiver. Cette variété, qui a besoin des premières gelées pour acquérir toutes ses qualités, se sème en mai et juin et se repique en octobre ou novembre.

Chou de Tarbes (Tarbais dans l'Ariège). Cette variété succède à la précédente, qu'elle va peut-être supplanter; elle devient énorme; la pomme est serrée, blanche, d'un goût fin et relevé. Elle atteint le poids de 8 à 10 kilogrammes. Semer en mai, juin, repiquer en octobre et novembre. Maturité en février, mars et avril.

Chou rouge de Castres. Grande et vigoureuse variété, de longue durée. On mange avec plaisir ses feuilles nombreuses lorsqu'elles sont attendries par la gelée.

Gros Oignon blanc. Cette variété se passe d'arrosements, dit M. Léo d'Aunous, de Saverdun (Ariège), et elle acquiert un beau développement; sa chair est très blanche, fine et douce. Semer en septembre et octobre, repiquer et mettre en place en novembre et décembre. Maturité en juin, juillet. Récolte de graines en août.

Oignon de Lescure. Succède au précédent; excellent pour deuxième saison; un peu moins gros que le premier, mais il se conserve plus longtemps sans pousser; il est aussi plus doux et plus savoureux.

Haricots gris. Haricots nains de Bonnac à grains ronds et à grains longs. Ces deux variétés sont précieuses, non-seulement pour culture de primeur, mais encore pour celle de première et de seconde saison; elles produisent abondamment en vert et en sec.

Chicorée toujours blanche. Le principal mérite de cette variété est de blanchir dès sa plantation; elle est fine, tendre, douce et monte très lentement.

Petit melon d'Espagne. Un des meilleurs melons du Midi; fruit de troisième grosseur à chair fondante, fine, relevée, excellente.

Melon orange grimpant. Charmant petit melon, plus gros que la plus belle orange. Ses vrilles s'attachent aux palissades au pied desquelles on les sème; ses fruits très nombreux y produisent un charmant effet lors de la maturité, aux premiers jours d'août. Rien n'est joli comme une longue palissade de cette plante, couverte de centaines de fleurs et de fruits d'inégale grosseur; le fruit est délicieux.

Nous empruntons les descriptions de ces divers légumes à M Léo d'Aunous, qui déjà nous a fait connaître la *pomme-de-terre Madame Mazard*, bonne variété de deuxième et troisième saison. L'honorabilité de ce savant et zélé amateur est la meilleure garantie qu'on puisse donner de leur exactitude.

2° — Floriculture.

Plantes de plein air.

La culture des fleurs en pleine terre, nous l'avons dit, est à peu près nulle dans le mois de janvier; mais, comme après le mauvais vient le beau temps, nous devons signaler à l'horticulteur fleuriste, dès aujourd'hui, les bonnes plantes et les graines des belles plantes qu'il doit se procurer d'avance, pour qu'il soit en mesure de satisfaire, au premier printemps, l'amateur qui tient à parer et à enrichir les plates-bandes de son parterre et les massifs de son jardin.

En se procurant les graines de bonne heure, le jardinier pourra semer sur couche vers la fin du mois et repiquer également sur couche le mois suivant; de cette manière, il aura une grande quantité de plantes prêtes à mettre en place dès que les gelées ne seront plus à craindre.

Parmi les plantes annuelles et bisannuelles très méritantes, nous recommandons : *Amarantus tricolor* et le *speciosus* ⊙, dont le feuillage vert, jaune et rouge produit un très bel effet.

Anagallis fructicosa Impératrice Eugénie ⊙ ou ♃, beau bleu, bordé blanc pur.

Anagallis fructicosa Napoléon III. ⊙ ou ♃, couleur cramoisi.

Ces deux variétés se multiplient avec une grande facilité par boutures. On peut les utiliser pour garnir les lampes suspendues dans les serres. Elles fleurissent l'hiver et produisent beaucoup d'effet par leurs tiges inclinées sous formes de guirlandes.

Callirrhœa pedata, ⊙ jolie malvacée, rose violacé à centre blanc. Cette plante fleurit très longtemps et s'élève à 1 mètre de hauteur. Soumise à un pincement (fait lorsque la plante a 12 ou 15 centimètres de hauteur), elle forme un buisson bas, couvert d'une grande quantité de charmantes fleurs.

Clarckia pulchella integripetala ⊙, fleurs brillantes à pétales imbriqués.

Clarckia pulchella, *pulcherrima* ⊙, fleurs d'un rouge carmin brillant.

Ces deux belles variétés, de 50 centimètres de hauteur, doivent être plantées en massif.

Cosmedium Burridgeanum atropurpureum ⊙, fleurs d'un brun noir chatoyant.

Dianthus Sinensis giganteus ♂ ou ♃, grandes fleurs rouge sang, flammées de blanc.

Dianthus Sinensis Hedwigii ♂ ou ♃, grandes fleurs rouge foncé, les unes flammées noir, d'autres flammées blanc.

Dianthus laciniatus ♂ ou ♃, fleurs laciniées et de diverses couleurs, du blanc pur au pourpre foncé.

Ces trois variétés, qui s'élèvent de 30 à 50 centimètres

de haut, mais qu'on peut tenir plus courtes par le pincement, se multiplient facilement par boutures. Elles servent à la confection des massifs et des bordures.

Gaillardia New Dwarf Scarlet ♂ ou ♃ fleurs écarlates à limbe jaune d'or, floraison abondante et prolongée. Cette intéressante plante naine et buissonneuse forme de très jolies bordures. Elle est vivace en serre froide.

Helianthus annuus giganteus, tige de 3 à 4 mètres de hauteur, fleurs de 35 à 40 centimètres de diamètre. Cette plante ne convient que pour massifs ou pour cacher les haies, les terreaux, etc.

Lupinus mutabilis versicolor ⊙, tige de 1 mètre et plus ; fleurs blanc pur, violet, blanc, rouge et jaune réunis, très bonne plante pour massif.

Mimulus quinquevulnerus maximus ⊙ ou ♃, fleurs très grandes à macules pourpre, striées. Cette plante naine se multiplie par boutures; elle est bonne pour bordures et fleurit longtemps.

OEnothera biennis hirsutissima ♂, plante de 50 à 60 centimètres de haut, à grandes fleurs cramoisi.

Onopordum Tauricum ⊙, plante haute, à feuillage argenté et soyeux, d'un bien bel effet, isolée ou en massif.

Schizanthus grandiflorus oculatus ⊙, fleurs superbes, maculées au centre de grandes taches noires.

Tropæolum Tom-Pouce jaune ⊙, touffe courte, ramassée en boule surmontée par les fleurs jaune-orange.

Tropæolum Tom-Pouce la beauté ⊙, fleurs de la forme de celles du *Tropæolum Lobbianum*, mais jaunes, striées et maculées écarlate.

* *Tropæolum Tom-Pouce écarlate* ⊙, la plus belle des

Capucines naines. On possède en outre un grand nombre de variétés de ces petites Lilliputiennes, toutes charmantes et propres à composer des bordures de longue durée. On peut les multiplier par boutures. On les relève à la fin de l'automne, alors on les traite comme des plantes vivaces. C'est de cette manière que nous avons traité l'*Ecarlate* et que nous l'avons conservée pendant l'hiver.

Recommandons encore :

Les *Phlox de Drummond, Black warior* ⊙ ou ♃,
Empress Eugénie, ⊙ ou ♃,
Nouveau marbré, ⊙ ou ♃,
Princesse royale, ⊙ ou ♃,
Wilhelm 1er, ⊙ ou ♃.

Toutes fort bonnes plantes pour massif ou pour bordure.

Plantes de serres et d'orangeries.

Ceanothus elegans. Cette plante originaire de la Californie est bien, dit M. Ch. Lemaire, l'une des plus élégantes espèces connues, par le nombre de ses fleurs, leur disposition et leur délicat coloris d'un bleu tendre azuré; elle mérite une des meilleures places dans la serre froide.

Azalea Indica, Duc d'Arenberg. Plante vigoureuse, buissonnante et abondamment florifère. Cette charmante variété, dit encore M. Ch. Lemaire, est plus que charmante en raison de son frais et délicat coloris, fond blanc, lavé rose tendre, strié et maculé rouge carmin.

Epacris multiflora de la Nouvelle Galle du Sud. C'est une des plus belles, des plus brillantes et des plus florifères du genre; les fleurs en sont fort nombreuses, très serrées et grandes; leur tube est d'un cocciné vif; le limbe est blanc de crême; leur réunion forme un racème subterminal qui n'a pas moins de vingt centimètres de longueur. Cette espèce fleurit de juin en juillet.

Colocasia macrorhiza foliis variegatis. Si, comme il faut l'espérer, cette superbe plante peut se cultiver et se conserver avec la même facilité que la *Colocasia esculenta* et le *Taro*, elle produira pendant l'été le plus bel effet dans nos jardins. Ses grandes feuilles en fer de flèche sont d'un coloris tout particulier; le fond est d'un blanc nankin et d'un vert tendre, relevé de macules vert plus foncé et de vert sombre. Leur pétiole est également d'un blanc jaunâtre, comme strié et maculé de vert plus ou moins foncé. C'est en somme une plante majestueuse qui produira le plus bel effet lorsqu'elle sera isolée ou placée au milieu d'un massif de petites plantes aux couleurs les plus vives.

3° — Arboriculture.

Nous nous empressons de rendre hommage à nos horticulteurs Lyonnais qui comprennent si bien l'importance et la nécessité de multiplier et de répandre promptement les végétaux d'ornement et utiles. Grâce à leur zèle et à leur intelligence, tout propriétaire d'un parc ou d'un jardin d'une certaine étendue peut aujourd'hui planter et voir croître rapidement le roi des Conifères : nous voulons dire le *Sequoia gigantea* , dont le prix fabuleux les épouvantait il y a à peine deux ans. Nous ne saurions trop recommander cet arbre magnifique qui, dans son pays natal, la Californie, atteint des proportions phénoménales, et qui, dans le nôtre, seront prodigieuses s'il pousse aussi rapidement dans sa vieillesse, ou pour mieux dire pendant son âge viril, que pendant sa jeunesse.

Prunus triloba. Nous revenons aujourd'hui sur cette intéressante espèce dont nous avons précédemment parlé, et nous en donnons une plus complète description que nous empruntons au savant botaniste M. Ch. Lemaire.

Cette espèce, dit-il, déjà remarquable, botaniquement du moins, par son feuillage trilobé, exception dans le genre, l'est surtout, au point de vue horticole, par ses très nombreuses, charmantes et très grandes fleurs, bien doubles, du coloris blanc rosé le plus frais, le plus délicat, le plus virginal qui se puisse voir. Elles garnissent dans une grande longueur les rameaux effilés de l'arbrisseau, lui-même très ramifié, touffu et s'élevant à 1 ou 2 mètres au plus de hauteur. Rien de mieux à forcer en hiver, pour les bouquets de cette saison.

Cette espèce est très rustique; elle se greffe sur prunelier, réclame une terre franche, meuble et riche en humus; elle se prête à la culture forcée comme les Lilas. On l'élève en pleine terre, en buisson, en espalier ou en contre-espalier. Une exposition un peu abritée lui est favorable.

C.-F. Willermoz.

Février.

Bien qu'en ce mois le froid se fasse sentir parfois assez rigoureusement, le soleil et les belles journées sont cependant moins rares que dans le mois précédent. C'est avec lui que commencent les grands travaux de l'année ; c'est avec lui que recommeneent les sueurs et les fatigues de l'horticulteur qui, pendant les beaux jours, donne à son jardin sa tenue de printemps ; il fume, bêche, tourne et retourne son sol, l'assainit et l'amende, comme nous l'avons recommandé dans le mois dernier jusqu'à ce que l'amendement soit complet et que tout le sol soit transformé en terre franche ; il fumera celle qui est forte avec du fumier de cheval, mulet, âne, mouton, chèvre et lapin, et celle qui est légère avec celui de bœuf, vache et porc : il est inutile ici de rappeler qu'en cas de mauvais temps, le jardinier ne doit jamais rester oisif, parce qu'il y a toujours quelque chose à faire pour l'homme actif et laborieux.

L'artichaut peut être débuté et découvert vers le milieu du mois ; mais, comme les gelées n'ont pas entièrement cessé, il est prudent de tenir la couverture prête à être replacée au besoin.

Cultures potagères naturelles.

Semis en pleine terre. – On continue à semer les pois à égrainer, on sème les graines d'asperges améliorées, le fève de marais grosse, de Windsor, à longue cosse, la julienne, la julienne verte et la naine hâtive ; les poireaux ordinaires ou longs, gros de Rouen, de Musselbourg et jaune de Poitou; les Epinards d'Angleterre, de Hollande, de Flandre, à feuilles de laitue, et le blond à feuilles d'oseille: la Chicorée sauvage améliorée, dont on possède déjà cinq sous-variétés remarquables, toutes bien préférables à la Chicorée sauvage ordinaire; mangée cuite, cette Chicorée est un mets sain et fort bon; les Laitues romaines, hâtives, Gotte, Crêpe et hâtive de Simpson, le Cresson Alénois à feuilles frisées, le Persil frisé de Windsor; le Cerfeuil ordinaire, le frisé, et le bulbeux dont les graines auront été stratifiées après la récolte; le Salsifis blanc; le Scorsonère, les Carottes et les Panais. Vers la fin du mois, on sème l'Oignon blanc, la Ciboule commune et la blanche. On aura la précaution de semer épais les graines de Chicorée, de passer le rouleau sur toutes les graines fines après les avoir semées, et de recouvrir les planches avec du fumier court ou du terreau criblé, car les graines fines doivent être semées à la surface du sol.

On récolte, en ce mois, les Carottes laissées en planche, le Chou de Milan, le Chou de Bruxelles, le Poireau long, la Mâche et la Dent-de-Lion. Si cette dernière plante a été convenablement recouverte de terre meuble avant l'hiver, elle offre dans ce mois une salade blanche, délicate et savoureuse; celle qui est restée à l'air libre, est également employée pour salade; mais, en cet état, elle offre encore une autre ressource à la cuisinière: en effet, cette plante, cuite, hâchée, fournit un mets très savoureux, qu'elle soit accommodée au beurre ou au jus.

Plantations. — On peut encore planter l'Ail, si cette opération n'a pas été faite en décembre. On plante également la Ciboulette, le Crambé maritime, les Echalottes. Nous recommandons celle de Jersey, parce que nous l'avons trouvée méritante ; l'Estragon, le Raifort et même quelques griffes d'Asperges, vers la fin du mois. L'expérience prouve que des choux d'York, préservés de la gelée et replantés dans ce mois, ont très bien réussi.

Jardins d'agrément.

Le jardin d'agrément doit recevoir dans ce mois les derniers labours. Comme le jardin potager, il doit être en tenue de printemps. Les allées sont nettoyées et sablées ; les plates-bandes labourées, dressées et garnies de plantes diverses, destinées à fleurir, vers la fin du mois et le mois suivant. Si la température le permet, le jardinier met en place quelques plantes bulbeuses et beaucoup de plantes vivaces et bisannuelles. Parmi les premières, citons les Safrans, les Iris nains, l'Amaryllis Belladonne et le Lis Saint-Jacques ; les Renoncules, les Anémones, les Tigridies, les Glayeuls rameux, les Lis rustiques, parmi lesquels se trouve celui du Caucase, que nous recommandons d'une manière spéciale ; les Ornithogales, les Pancratiers maritime et de l'Illyrie. Parmi les secondes se trouvent les Lychnis vivaces, les Plox vivaces, le Dianthus barbatus, les Aconits, plusieurs Campanules et la Pensée à grandes fleurs ; les Saxifrages et les Hépathiques seront placés dans des endroits couverts ou embragés.

Le jardinier achève de planter et de tailler les Rosiers et les autres arbustes et arbrisseaux d'ornement ; il découvre progressivement les plantes qui ont été empaillées ou recouvertes pendant l'hiver ; il ombre les Œillets pour les garantir, non des gelées qu'ils ne craignent pas, mais des rayons du soleil qui les surprennent au moment d'une gelée et les font périr; il sème en pleine terre, dans ce mois, les graines de plantes annuelles à fleuraison précoce, comme Nigelle de Damas, Adonides. Pieds-d'Alouette annuels, Nemophila insignis et maculata, Pavots, etc., qu'il n'a pu semer avant l'hiver ou en septembre et octobre, époque ordinaire des semis de ces sortes de graines.

Couches et serres tempérées.

Le primeuriste établit de nouvelles couches pour la culture forcée des Haricots, Pois, Melons, etc., etc. Il entretient les anciennes par le moyen de réchauds; il sème fréquemment les Radis et les Laitues; il démolit les vieilles couches qui lui fournissent du terreau et du fumier léger, susceptibles de fertiliser et d'amender les plates-bandes du jardin; il repique en pleine terre et à bonne exposition les Laitues romaines préparées sous cloches.

Le jardinier-fleuriste donnera beaucoup d'air tiède aux plantes de serres froide et tempérée; celles-ci seront ombrées lorsque le soleil se montrera sans nuage. Les plantes en repos ne doivent recevoir que très peu d'eau. Celles, au contraire, qui sont en fleur ou prêtes à fleurir seront humectées ou arrosées, mais toujours modérément. L'eau ne doit jamais être froide; sa température doit être celle de la serre. A cette époque de la saison, les serres froides et les serres tempérées revêtent leurs plus brillants atours. Le Camélia, l'Azalée de l'Inde, les Ericas, les Jacinthes, les Tulipes Duc de Tholl, le Réséda odorant, etc., brillent de leur plus vif éclat, et répandent une odeur suave. Il est bien important d'entretenir dans chaque serre le degré de chaleur convenable, d'apporter tous les soins à la plus grande propreté. Toutes les plantes doivent être passées en revue et débarrassées, avec une attention minutieuse, des feuilles mortes ou jaunes et des insectes que la chaleur multiplie dans les serres à cette époque. Le jardinier ne doit pas oublier qu'une feuille morte et qu'un insecte peuvent exercer de grands ravages dans une serre; il ne se départira donc pas d'une surveillance continuelle.

Le fleuriste peut semer en vase ou sur couche une multitude de graines de plantes annuelles, bisannuelles, vivaces, d'arbustes, d'abrisseaux et d'arbres, dont la germination est lente. Les grosses graines sont placées un peu profondément, les moyennes un peu moins, les petites sont recouvertes de quelques millimètres de terre légère, et les fines sont semées à la surface. On les recouvre, après un léger tassement, avec de la mousse sèche, hâchée, ou du résidu de fumier court. Tous les vases doivent être soigneusement drainés au moyen de gravier ou de débris de pots grossièrement concassés. De cette importante méthode dépend le succès de la germination et la prospérité du plant. La terre des pots, par ce moyen, n'est jamais exposée à être trop mouillée, et la graine, comme le plant, se trouvent toujours dans de bonnes conditions.

Arbres fruitiers et pépinières.

Avec le mois de février arrive l'époque la plus favorable pour planter les arbres dans les terres fortes; la taille, dans ce mois, est aussi dans sa plus grande activité. Pendant un temps calme et sec, le planteur et le tailleur d'arbres n'ont pas un moment à perdre ; ils doivent profiter de tous les instants favorables pour que leurs travaux soient achevés avant la fin du mois. Toutefois comme ils ne sont pas maîtres du temps et qu'il survient souvent de mauvais jours, ils auront la précaution de réserver pour les dernières les arbres les plus vigoureux et les moins fertiles, soit à planter, soit à tailler.

Le planteur aura soin de placer les racines du Cerisier et de l'Abricotier un peu plus profondément que celles des arbres à pepins ; attendu qu'ils sont moins difficiles sur la nature du sol que bien d'autres arbres, on les plante dans le terrain le moins riche; mais, comme il peut arriver que les hâles ou les fortes chaleurs en fassent périr une partie, on a la précaution, en les plantant un peu profondément, de placer sur la terre qui recouvre les racines des gazons renversés, et de répandre sur le sol un paillis un peu épais. Avec ces précautions, ces arbres supportent les sécheresses et les chaleurs, et prospèrent très bien.

On met de côté, au moment de la taille, les ramifications destinées à la greffe et au bouturage. Il est très essentiel et très important que ces ramifications soient prises à la partie la plus élevée de l'arbre. Ces ramifications coupées, sont placées, avec leur étiquette, dans une terre légère, soit contre un mur au nord, soit dans une cave jusqu'au moment de les utiliser. La greffe, prise à l'extrémité d'un rameau, est meilleure que celle prise à sa base; comme aussi la bouture coupée avec talon (empâtement) est supérieure à celle qui est coupée sous un bourgeon.

Le pépiniériste multiplicateur peut semer en ce mois ou faire stratifier toutes les graines que nous avons indiquées le mois dernier. Il continue ses semis en planche ou en vase avec les graines de presque tous les arbres, arbustes et arbrisseaux ; il aura le soin de semer en terre de bruyère les graines qui ne germeraient pas dans une autre terre : telles sont celles de l'Azalée Pontique, des Rhododendrum Ponticum, arboreum, maximum, du Kalmia latifolia et des Daphnés. Les semis de conifères ne réussissent bien en pleine terre qu'autant que les graines sont confiées à un sol léger, frais et ombragé. Dans une condition contraire, il vaut mieux semer en vase ou en caisse et tenir le semis à l'ombre. Avec les graines citées antérieurement, on sèmera aussi celles des Aulnes, des Bouleaux, des Erables, des Féviers, des Frènes, des Epines-Vinettes, du Charme commun, du Broussonetia papyrifera, des Buissons ardents, de l'Aylante glanduleux, du Bagnaudier, des Fusains, des Mahonia, des Paulownia, des Troënes, du Tulipier de Virginie, du Sumac Fustet, du Ginko biloba, etc., etc.

Floriculture.

Pour la pleine terre. — Nous recommandons à nos jardiniers fleuristes :

1° Les graines de Nigelles de Damas, particulièrement celles de la variété blanc pourpré, qui est magnifique.

2° Le *Lilium lancifolium corymbiflorum* et ses variations, provenant des semis de M. Truffaut, de Versailles, qui les a obtenues avec la graine du lancifolium. On en compte quatre bien distinctes :

Le *Lilium lancifolium corymbiflorum roseum*, l'*album*

et le *rubrum* ; leurs fleurs plus nombreuses que dans le type sont disposées en corymbe très élargi, du plus bel effet. Celles du roseum ont une élégante teinte rose, et présentent aussi de nombreuses taches rouges. Celles du rubrum sont d'un beau rose pourpré; celles de l'album sont d'un blanc pur ; le monstruosum roseum diffère du roseum par le facies de ses tiges.

3° Le *Lobelia porphyranta* qui a beaucoup d'analogie avec le *Lobelia cardinalis*, dont il diffère cependant par un duvet blanchâtre, très fin et très serré qui couvre la tige et les feuilles, et par la forme de la corolle.

4° L'*OEnothera macrocarpa* qui est vivace. Sa tige très rameuse s'étale par terre ; elle a une couleur rouge ; sa corolle d'un jaune pâle atteint la grandeur de celle du Coquelicot; son calice d'une grandeur prodigieuse est muni de taches pourpres. Cette plante est remarquable par son port gracieux, son beau feuillage et ses fleurs très nombreuses qui se développent pendant la plus grande partie de l'été ; elle est parfaitement rustique ; on peut la multiplier par boutures, par divisions de la souche et par graines, dans les années chaudes.

Pour la serre tempérée ou la serre froide :

5° Le *Genethyllis tulipifera*, originaire des environs de la rivière des Cygnes où il a été récolté, pour la première fois, par Drummond. C'est un arbuste dont la hauteur varie de soixante centimètres à un mètre. Ses fleurs, réunies en capitules, sont enveloppées par un grand involucre formé de bractées larges, blanches, tachées d'un pourpre vif, et disposées de manière à donner à l'ensemble la ressemblance d'une grande corolle polypétale en forme de tulipe. C'est une plante de serre tempérée, dont la culture est très facile.

6° La *Gazania splendens*. Nous recommandons tout particulièrement la culture de cette Synanthéracée, remarquable par la grandeur de ses nombreuses fleurs orangées à onglets noirs maculés de blanc. C'est une plante de la culture la plus facile, qui se contente, en été, de presque tous les sols et qui fleurit, en pleine terre, de la mi-juin jusqu'à la dernière période automnale. On la rentre dans la serre froide ou sous un châssis froid où elle passe l'hiver sans une autre précaution que celle de la garantir de la moisissure et de la corruption.

7° La *Cordyline indivisa*. Cette superbe Asparaginacée a produit une vive sensation dans le monde horticole par la beauté de son feuillage, disposé comme chez le *Dracæna umbraculifera*, mais plus large et incomparablement plus beau, par sa riche panachure nettement tricolore, verte, blanche et orange, sur un fond vert clair ou jaunâtre. Cette belle plante de serre froide se cultive dans des vases plus profonds que larges, bien drainés, remplis de terre franche et de terre de bruyère par moitié, et auxquelles on ajoute un quart de fumier bien consommé. Pour la multiplier, on lui coupe la tête qu'on bouture sous cloche et sur couche tiède, après avoir plongé la coupe pendant deux ou trois jours dans du sable bien sec ; le tronc, coupé et enduit de cire à greffer, ne tarde pas à émettre des rejetons qu'on enlève et qu'on bouture dès qu'ils ont acquis une certaine force.

Floriculture de pleine terre. — Plantes herbacées.

On recommande à l'attention de MM. les jardiniers fleuristes et de MM. les amateurs les plantes suivantes, en tête desquelles nous plaçons les six Verveines Maonetti obtenues de semis par M. Laloy, horticulteur à Louhans (Saône-et-Loire).

1. *Verveine Cerise unique.* — Cerise foncée, lamée et striée plus clair.

2. *Verveine attendue.* — Lilas violetté, centre gris, feuillage charmant.

3. *Verveine Marquis de Saint-Innocent.* — Lilas bleu tendre, centre blanc entouré d'une couronne violet pourpre.

4. *Verveine Madame Vilmorin.* — Rose carné tendre, large, centre carmin violacé.

5. *Verveine Prémice de Flore.* — Carmin lilacé, œil lilas, magnifique feuillage.

6. *Verveine Verschaffeltii.* — Bleu violet, énorme, centre blanc pur.

7. *Ricinus purpureus*, Ricin pourpre. — Doit être recherché pour l'ornement des grands jardins. Cette magnifique plante, isolée, produit un superbe effet par son port, la couleur de la tige et le ton rouge bronzé de ses grandes feuilles. On sème la graine sur couche. On repique le plan en vase, et, lorsque les gelées tardives ne sont plus à craindre, on plante dans une bonne terre fumée et à bonne exposition. Si l'année est chaude, la plante s'élève jusqu'à trois mètres de haut et plus.

8. *Helonias bullata* (L.). *Helonias latifolia* (Mich.). *Hélonie rose.* — La tige de cette plante est haute de trente à trente-cinq centimètres, droite, cylindrique, simple et écailleuse; les fleurs pourpres, rougeâtres ou roses, à anthères bleuâtres, rapprochées en grappe terminale courte, s'épanouissent en mai et produisent un effet très

agréable. Elle réclame une exposition un peu ombragée, celle du nord de préférence, une terre légère, fraîche et mieux encore la terre de bruyère. On sème les graines, au commencement du printemps, en pot, sur couche et sous châssis. On repique le plant dès qu'il est assez fort, et on l'arrose fréquemment en été. On multiplie cette plante par œilletons, qu'on relève en automne pour repiquer en place.

9. *Myosotidum nobile (Bot. Mag.) Myosote hortensia* (Dec.) (Borraginacée). — Ce nouveau *Ne m'oubliez-pas*, vivace, très rustique, s'élève à trente ou trente-cinq centimètres de hauteur. Ses fleurs, extrêmement nombreuses, forment un très ample corymbe ; elles sont blanches sur le bord des pétales, beau bleu au centre, d'où partent, en rayonnant, des stries pourpres. Comme ses congénères, elle se plaira sans doute dans les sols frais et humides et sera d'une très facile multiplication, soit par graines, soit par éclat, même par bouture.

10. *Spragnea umbellata.* Spragne ombellée (Bot. Mag. 5123). — D'un Rhizome fusiforme et vivace s'élèvent plusieurs tiges droites, hautes de vingt-cinq à trente-cinq centimètres Chaque tige, accompagnée de quelques petites feuilles distantes, se termine par de nombreux pédicelles disposés en ombelles, recourbés sur eux-mêmes à leur extrémité, et portant de très-nombreuses petites fleurs, planes, serrées, contiguës, blanchâtres ou rosées, surmontées par leurs étamines saillantes et brunâtres. Si cette plante n'est pas des plus brillantes elle est au moins une des plus curieuses, et elle sera recherchée par tous les amateurs de plantes de pleine terre.

Arbrisseaux de pleine terre.

M. Brahy-Ekenholm, de Herstal-lès-Liège, à qui l'Horticulture est déjà redevable des magnifiques *Lilas Croix de Brahy-Ekenholm, Double Azuré, Charlemagne* et *Princesse Camille de Rohan*, vient d'obtenir encore les cinq suivants, décrits par la Belg. Hort. et l'Illustration horticole.

1. *Lilas Héliotrope.* — Thyrse de vingt à vingt-cinq centimètres, ramifié plus ou moins, feuillé à la base. Ramifications lâches, diminuant successivement; fleurs simples par 3, 5, 7, à tube filiforme, cylindrique, limbe grand, lobes obovales, acuminés, presque complètement réfléchis. La corolle est carnée-malvée à l'extérieur; le tube bleu en dedans, l'orifice de la gorge blanc, ainsi que la base des lobes dont le reste est couvert d'une teinte bleue héliotrope, pâle et uniforme. Par le port, le coloris et l'aspect général, cette variété rappelle l'Héliotrope dont elle porte le nom.

2. *Lilas Duchesse de Brabant.* — Thyrse compacte, haut de quinze centimètres environ, ramifié; fleurs grandes, cruciformes, à peu près concolores; gorge bordée bleu corail avec quatre rayons se prolongeant vers l'extrémité des lobes; ceux-ci sont bleuâtres-pâles, bordés mauve, larges et ovales.

Cette variété est d'une fraicheur et d'une distinction indescriptibles; le nom de la Duchesse de Brabant en présente la plus parfaite image.

3. *Lilas Pépin de Heristal.* — Thyrse court, compacte, à ramifications à peu près aussi longues que l'axe prin-

cipal. Fleurs petites, serrées, de forme irréprochable, concolores d'une teinte mauve uniforme.

Cette variété se distingue par sa gentillesse ; elle est née dans le berceau des Rois Francs, sur le même terrain qui porte l'empreinte des pas de *Pépin de Heristal.*

4. *Lilas Président Massart.* — Cette variété se fait remarquer par l'ampleur de ses thyrses, le nombre et la grandeur des fleurs qui les composent, au double et distinct coloris des corolles dont l'extrémité est lilas et l'intérieur violacé à reflet ardoisé.

5. *Lilas Ambroise Verschaffelt.* — Le coloris de cette variété est tout particulier : il est intermédiaire entre celui de l'espèce type et celui de la variété blanche. Les fleurs sont grandes et bien étalées ; elles produiront un heureux contraste avec celles des nombreuses variétés cultivées.

Ces *Lilas* se cultivent comme l'espèce type qui se plait partout, mais surtout au grand soleil, dans les terrains secs et pierreux, sur les ruines, les décombres, où, sans terre végétale apparente, sans humus, ils végètent avec une vigueur remarquable et bravent les hivers les plus rigoureux.

On multiplie le lilas avec facilité par ses drageons souvent très nombreux.

6. *Ceanothus Vetchianus* (Hook, Flo. des ser. et des jard. d'Europe, 1861). — D'après le témoignage irrécusable de sir William Lobb, ce Céanothus serait bien le plus beau de tous les Céanothus connus, tant par la dimension de ses bouquets touffus, de ses fleurs d'un magnifique bleu de Cobalt, que par la profusion des

bouquets qui est telle, dit sir William, qu'ils couvrent littéralement le feuillage. Cette belle espèce, originaire de la Californie, est une excellente acquisition pour les jardins.

Diervilla (*Weigelia*) *multiflora. Dierville à fleurs nombreuses*, Illustration horticole, décembre 1863. Arbrisseau pouvant atteindre un mètre ou un mètre et demi environ de hauteur, quelquefois plus dans de bons terrains ; bien ramifié de haut en bas, dont toutes les parties sont entièrement couvertes et hérissées de poils courts; portant des feuilles à pétioles courts, d'un vert gai lavé de brunâtre, dentées en scie aux bords. Les ramules nombreux, courts, sont terminés chacun par cinq et six fleurs pendantes et d'un rouge foncé vineux, dont le tube étroit, allongé s'évase peu à peu en trompette. Les étamines blanches sont portées par des filaments rouges. Cette plante se cultive comme les *Deutzia* et les *Weigelia*, c'est-à-dire dans un sol meuble, léger et autant que possible un peu frais et riche en humus. Multiplication facile de boutures et de rejetons.

Deutzia crenata, flore pleno, Deutzie à fleurs crénelées et à fleurs pleines (The florist and pomologiste. Illustration horticole). Cette variété, due à l'introduction de M Fortune, ne diffère de la plante originaire que par ses fleurs pleines. Celles-ci sont également blanches mais relevées de rose en dehors, fait qui en augmente le mérite en faisant contraster heureusement les deux coloris. C'est désormais pour les massifs et les bosquets des jardins un ornement obligé et dont aucun amateur sérieux ne voudra se priver. Les fleuristes trouveront aussi un grand avantage à forcer cette plante pendant l'hiver.

Comme la précédente, cette variété se multiplie par boutures et par rejetons; elle est peu délicate sur la nature du sol et sur l'exposition.

Pœonia gloria Belgarum, Pivoine gloire des Belges (Illustration horticole). Cette Pivoine en arbre, qui a été obtenue de semis par M. Goethals, amateur à Gand, est certainement la plus grande et la plus belle du genre. Ses fleurs pleines, d'une odeur suave et très sensible, ne mesurent pas moins de soixante-quinze centimètres à un mètre de circonférence. Le coloris offre diverses teintes de l'effet le plus agréable : le rouge, le cramoisi, le rose cerise et le rose tendre.

Même culture que toutes les Pivoines en arbre.

Culture maraichère.

1° *Pois à demi-rame Normand.* — Variété du Normand ordinaire, moins haut, plus fertile, résistant aux plus grandes sècheresses; qualité exquise, plus sucrée que le pois vert de Knigt.

2° *Pois excelsior Marron Tea!* — Cette nouvelle variété surpasse tous les pois ridés. Son produit est énorme, d'un goût fin, à grain vert, sucré, jusqu'à parfaite maturité.

3° *Melon pomme de Brahma.* — Fruit de la forme d'une pomme, velu, à bandelettes rouge vif, répandant une odeur suave (on ne dit pas si cette variété est comestible et si le goût répond à l'odeur).

4° *Melon Cantaloup sucrin.* — Cette variété, obtenue et cultivée par M. Bailly, de Château-Renard, que nous avons eu occasion de citer plusieurs fois, paraît avoir des qualités recommandables qui sont : la rusticité, la saveur de sa chair et le peu d'épaisseur de son écorce. Elle provient du Melon Cantaloup Prescott hybridé du Melon sucrin de Tours. Sera-t-elle constante ? Une expérience de longues années peut seule répondre.

Les meilleures Fraises nouvelles remontantes.

Tout le monde connaît aujourd'hui la belle et bonne Fraise remontante, obtenue et fixée par M. Lagrange, horticulteur à Oullins (Rhône) : à cette intéressante variété, connue sous le nom de *Fraise Lagrange*, il faut joindre :

1° *Enfant prodigue* (Lorio). — Les fruits de cette nouvelle variété, qu'on dit très fertile, sont gros (de quatre à cinq centimètres de long sur deux et demi de large), juteux, sucrés, ovoïdes et d'un rouge vif clair.

2° *La belle Bordelaise* est, dit-on, la seule Fraise à gros fruits remontants, mais est-elle réellement bien remontante ? Les fraises *Crémonne et Fox* ont été annoncées comme remontantes, et cependant elles ne l'étaient pas. Nous souhaitons à la *Belle Bordelaise* plus de bonheur.

Fraises à gros fruits non remontantes.

3° *Wizard of the North.* — Si les fruits répondent à la description et au dessin, on peut dire, sans risque de se tromper, que c'est la véritable reine des Fraises. Produit, grosseur, coloris, tout est phénoménal.

4° *Excellente* (Lorio). — On dit que cette variété

est très grosse, ronde, tronquée rouge noirâtre, très fertile, magnifique et très bonne.

5° *Jucunda* ou *Joconda* (Salter). — Cette variété est, dit-on, très grosse, irrégulière, rouge vif, très fertile, la description ajoute : *merveilleusement belle et bonne.*

6° *Duc de Malakoff* (Gloede). — Cette variété est, assure-t-on, une des plus méritantes du genre ; elle est excellente et très belle, tronquée, rouge vif et très fertile.

7° *Léon de St-Laumer* (Dupuy-Jamain). — Fruit très gros, de couleur rouge clair saumoné ; chair saumon, fondante et parfumée. Variété de moyenne saison, très vigoureuse et l'une des plus productives.

Arboriculture.

1° *Æsculus Indica. Pavia Indica* (Hook). — Cette espèce arrive dans l'Inde à une bonne dimension ; elle est très branchue ; les rameaux sont glabres ; les feuilles amples opposées à longs pétioles ; les folioles, au nombre de sept à neuf, sont étalées, longues, pétiolées, ovales, lancéolées, dentées ; celles du sommet ont près de trente centimètres de long. Fleurs nombreuses, terminales, en panicules thyrsoïdes un peu lâches, pétales blanc pur, relevés dans leur milieu d'une macule carminée, étroite.

2° *Quercus Bambusæfolia. Chêne à feuilles de Bambou.* — Ce beau chêne, toujours vert, a été trouvé par M. Fortune dans les montagnes de la province de Cha-Kiang, où il atteint la hauteur de dix à dix-sept mètres. On espère que cette très précieuse et très ornementale acquisition sera de pleine terre sous notre climat.

Arboriculture fruitière.

1° *Pêche de Salway.* — Le Florist, journal horticole anglais, qui décrit cette variété, dit : « C'est la plus » méritante et la plus tardive de toutes les Pêches ; c'est » aussi l'une des plus grosses connues. »

Le fruit est rond, contracté à l'extrémité ; un sillon assez profond s'étend du sommet au pédoncule ; la peau est d'une belle orange, teinte et pointillée de rouge du côté du soleil ; la chair est orangée, rouge autour du noyau, tendre, fondante, juteuse, d'une saveur exquise et d'un aromate délicat. Il mûrit d'octobre à novembre.

2° *Six variétés de Pêches nouvelles.* — Un de nos prudents et sages confrères, M. Brégals, horticulteur à Meizens (Tarn), a trouvé, dans le pays qu'il habite, six pêches dues en partie à des semis de hasard. D'après la description sommaire qu'il en donne, ces six variétés, qui mûrissent successivement de juillet en octobre, ne laissent rien à désirer, soit par rapport à leurs qualités, soit par rapport à leur beauté ; et cependant le consciencieux praticien dit : « J'ai greffé, mais, dans trois ou quatre » ans d'ici, alors que ces mêmes arbres se seront dé- » veloppés et qu'ils pourront porter des fruits comme » le pied-mère, je me ferai un plaisir et un devoir d'en » envoyer aux différentes expositions, pour les faire » apprécier et baptiser. Après les avoir fait classer, » je me déterminerai à les livrer au commerce, en leur » faisant occuper le rang qui leur est dû. »

Honneur à M. Brégals, qui comprend si bien les intérêts de l'horticulture et des horticulteurs

Nous recommandons d'une manière toute particulière les variétés :

3° *Pêche Belle Cartière.* — Beau et très bon fruit, de la fin d'août au milieu de septembre. L'arbre, de vigueur moyenne, très fertile, réussit bien en haute tige.

Pêche Teissier, très beau et bon fruit tardif. L'arbre pousse peu dans sa jeunesse, mais il devient ensuite vigoureux et très fertile.

Pêche tardive d'Oullins, fruit très gros, très tardif et excellent.

Ces trois variétés de Pêcher ont été trouvées dans les vignes d'Oullins et sont dues à des semis de hasard.

Poire Passe - Colmar françois, synonymes : *Beurré d'Avoine*, *Jean de With*, fruit moyen, excellent, mûrit en janvier et février.

Pomme Reinette Lagrange (I. Lagrange), fruit moyen, de la couleur de la Reinette franche, moins allongée, de toute première qualité, se conservant d'une récolte à une autre, mais bonne dès le mois de décembre.

C.-F. Willermoz.

Mars.

Si la température du mois de février n'avait pas permis d'établir ou de continuer les drains ou les fossés d'écoulement, il faut se hâter d'exécuter ces sortes de travaux, dès les premiers jours de mars; continuer les labours qui n'auraient pas été achevés vers la fin du mois précédent, enfin donner la dernière main à tout ce qui devait être fait et que le temps n'a pas permis de terminer.

Si les terres ont été charriées, comme il a été dit précédemment, il faut pratiquer les amendements par de fréquents labours, ameublir et enrichir le sol par des terreaux, des composts et des fumiers; en un mot, il faut rendre la terre propre à recevoir les graines qui doivent germer, et les plantons destinés à croître et à prospérer.

On débatte progressivement les artichauts, toujours par un temps couvert; on éloigne peu la litière qui les recouvre, afin de l'avoir à sa portée dans le cas où la gelée menacerait de se faire sentir d'une manière intense. On bine légèrement l'aspergère après l'avoir rechargée au besoin d'une couche de terreau.

CULTURES MARAICHÈRES NATURELLES.

Semis.

On continue les semis indiqués au mois de février. On sème en pépinière les poirées à cardes; la varièté à *côtes blanches* et celle à *feuilles frisées* sont les plus intéressantes. Les betteraves *ronde hâtive*, *ronde Turneps hâtive*, *de Wijgthe très hâtive*, *Crapaudine et plate de Bassano*. Toutes les espèces et variétés de Choux; parmis les cabus, on choisira comme les plus délicats les *Yorck*, *le Cabagge*, *le Christalin*, *le Bacalan*, *le Fumel*, *le Joanet* ou *Nantais très hâtif*, *et le pointu de Winnigstadt*. *Le pain de sucre*, *le cœur de bœuf*, *le trapu de Brunswich*, *le conique de Poméranie*, *le Saint-Denis*, *le pied court hâtif et le gros court hâtif de Hollande* sont des variétés plus volumineuses, mais moins délicates. Les variétés de Milan les plus intéressantes sont le très *gros des vertus*, *le petit hâtif d'Ulm*, *le Victoria et le très frisé du Cap*. Les choux-raves *blanc et violet hâtifs de Vienne* sont deux bonnes sous-variétés. Parmi les Choux-fleurs on ne saurait trop recommander le *nain hâtif d'Erfurt*, *le Salomon pied court*, *le demi-dur Lenormand*, le *Saint-Brieuc*, variété rustique, pouvant, dans nos pays, passer l'hiver à l'air libre, *et les Brocolis Mammoth et hâtif de Walcheren*. Les meilleures variétés de Pois Mange-tout sont *Corne de bélier*, *Jaune nain*, *à longues cosses et Nain hâtif*. Le *Géant* et le *Gris* à très larges cosses sont moins fins et moins délicats, particulièrement le *Géant*.

On continue à semer les variétés de pois à égrainer. Outre celles citées précédemment, nous mentionnerons comme très fertiles les variétés dites d'*Auvergne ou Serpette et d'abondance*. *Le Ridé nain hâtif*, synonyme : *Alliance*, *Eugénie*, se recommande par ses bonnes qualités et sa précocité. La variété dite *Comenchon* est très hâtive et fertile. C'est une variété de choix.

Celui qui aura des Asperges à semer ne doit pas oublier que les meilleures graines sont celles qui proviennent des plants améliorés.

Plantations.

On plante les griffes d'Asperges améliorées; elles doivent être au moins de deux ans, bien constituées et surtout bien saines. On continue les plantations du mois précédent. Le jardinier portera toute son attention sur les porte-graines. Il aura le soin de profiter d'un temps couvert pour mettre en place les plantes hivernées et à pousses blanchies. Il aura aussi la précaution d'éloigner le plus possible, l'une de l'autre, les races qu'il tient à conserver pures, telles sont, par exemple, les carottes, les betteraves, etc., qui ont un très grand penchant à se croiser ou à s'hybrider, comme on dit aujourd'hui.

On plante l'oignon blanc, le petit oignon paille, dit *suisse* ou *Jaune de Cambrai* ou *Oignon de Mulhouse*. Ces petites bulbilles ne montent pas et se développent en une bulbe d'un fort volume, si toutefois le sol n'est pas trop compacte ni trop humide. On plante également l'oignon *rocambole* ou *bulbifère* et celui d'*Egypte* si recommandable par l'abondance de ses produits. On continue la plantation des choux-fleurs hivernés; celle des pommes de terre, la Caillot doit passer en première ligne; celle des fraisiers qui auraient péri pendant l'hiver. On continue, en un mot, toutes les plantations qui ont été indiquées au mois précédent.

JARDIN D'AGRÉMENT.

Si les travaux recommandés pour le mois de février n'étaient pas achevés, il faut les continuer. On sépare les plantes vivaces, comme *Lychnis Chalcedonica* (*Croix de Jérusalem*), *L. Alpina*, *Phlox*, *Lobellia*, *Lathyrus*, *Monarda*, *OEnothera*, *Delphinium*, *Achillea*, *Aguilegia Aconitum*, *Aster*, et en général toutes celles dont les tiges nombreuses sortent d'une seule motte. On sème en terrain ou en pleine terre les graines d'Œillets et de Verveines à l'exposition du levant.

On bouture les *Wigelia rosea* et *amabilis*, les *Ribes sanguineum*, *sanguineum flore pleno*, *astrosanguineum*, *albidum* et *speciosum*, les *Deutzia*, les *Philadelphus*, les *Rosiers*, *etc.*

COUCHES ET SERRES TEMPÉRÉES.

On donne aux couches établies en février tous les soins qu'elles réclament; si le froid se faisait sentir pendant le mois de mars et que leur chaleur faiblisse, on l'entretiendrait au moyen de réchauds, c'est-à-dire avec du fumier chaud, qu'on agglomère autour des couches, ou qu'on enfouit dans les sentiers; ce fumier, bien disposé, s'échauffe et communique sa chaleur aux couches, qui recouvrent, par ce moyen, une chaleur suffisante pour l'entretien des plantes qu'elles recèlent. On continue à leur confier toutes les graines et toutes les plantes dont nous avons parlé au mois précédent.

Les soins à donner aux plantes de serres tempérées sont les mêmes que ceux du mois de février; toutefois, comme la température est beaucoup plus élevée, il faudra bassiner plus fréquemment et ombrer toutes les fois que les rayons du soleil seront trop ardents.

Si le jardinier se trouve dans la nécessité d'arroser, il ne doit pas oublier de le faire le matin et non le soir.

ARBRES FRUITIERS ET PÉPINIÈRES.

Continuer les travaux du mois dernier, tels que nettoyage, taille et palissage, et finir de tailler les arbres vigoureux. Si un arbre était d'une vigueur extraordinaire et peu ou pas fertile, on attendra, pour le tailler, le moment où la sève est en activité. On pratiquera à cette époque, pour le dompter, quelques incisions annulaires faites avec beaucoup de prudence et de discernement, car toute plaie faite en anneau, au printemps, et qui ne serait pas entièrement recouverte avant la chute de la feuille, peut faire périr la branche ou le rameau annelé.

On commence les façons des Pêcher, Prunier, Abricotier et Cerisier. On greffe les scions mis en réserve. On sème en pépinière les Noyaux de pêches, de prunes, etc., qui ont été stratifiés; les graines de conifères, soit à l'air libre, soit en vase dans une terre meuble et terreautée; on sème également toutes les graines forestières à germination lente. On bouture tout ce qui a été mis de côté pour cet usage. Il faut continuer les légers labours au pied des arbres fruitiers et ne pas négliger les paillis, qu'on accompagnera d'une légère couche de poussière de charbon pour les arbres peu vigoureux.

Prendre garde aux arbres à noyaux en espalier, les tenir à l'abri des gelées et des pluies froides, accompagnées de grêles et de giboulées, avoir, pour cet usage, des paillassons d'une grande légèreté, des toiles à mailles peu serrées, même de petits paillassons mobiles, qu'on élève ou qu'on abaisse à volonté, suivant l'état de la température.

On termine les plantations d'arbres fruitiers et d'ornement. Ce mois est très favorable à celle du pêcher qui n'aurait pas été déplanté trop longtemps d'avance et à celle des Conifères.

Floriculture de pleine terre.

Plantes déjà anciennes, mais encore peu répandues et qu'il importe de voir figurer dans les jardins :

1° *Rhytidea bicolor*, Rhitidée à deux couleurs (Liliacés) gard. chro., 21 juin 1856. Cette plante, originaire de la Californie, s'est montrée parfaitement rustique depuis 1856, époque de son introduction en Angleterre. De son oignon naissent des feuilles plus courtes que la hampe et celle-ci est terminée par une ombelle de plusieurs fleurs pendantes, longuement pédonculées, colorées de rouge intense dans toute leur étendue, à l'exception du limbe qui est vert de mer. Cette plante fleurit en mai.

2° *Ribes subvestitum*, Groseiller de Californie (grossulariées), Bot. maga. 4931. Cet arbrisseau, originaire de la Californie, est une précieuse acquisition pour les jardins ; ses fleurs ont beaucoup d'analogie avec celles du *Fuschia globosa ;* il fleurit dès le mois d'avril et de mai.

3° M. W. Wood signale, comme très recommendables, le *Rhododendron Dauricum atrovirens* et le *Berberis Darwini*. Le Rhododendre de la Daourie (Ericacées), dit M. Wood, épanouit ses fleurs, d'un joli violet rose, dès le commencement du mois de mars.

4° *Le Berberis Darwini* (Berberisacées) est un charmant arbrisseau, orné d'un grand nombre de grappes pendantes de fleurs colorées en jaune d'or, qui contrastent d'une manière heureuse avec la verdure du feuillage.

5° M. Wood recommande encore le *Rhododendrum ciliatum* de l'Himalaya, jolie espèce naine, dont les fleurs blanches, légèrement lavées de rose, sont grandes comparativement aux dimensions de la plante Cette espèce fleurit plus tard que le *R. Dauricum*.

6° M. A. Verschaffelt a obtenu de semis les deux Rhododendrums suivants : *Rhudodendrum baron Osy*, plante rustique d'un port bien touffu, ses grandes et nombreuses fleurs, en gros bouquets, sont d'un blanc délicatement teinté de rose tendre.

7° *Rhododendrum Duc Adolphe de Nassau*, plante très vigoureuse. ramifiée et rustique, fleurs grandes, nombreuses, d'un rouge pourpre foncé, à gorge relevée d'une macule trilobée, d'un noir indigo superbe.

Si l'on veut obtenir de beaux et vigoureux massifs de Rhododendrums, il faut opérer le rehaussement complet de leurs mottes par une terre neuve, et cela tous les trois ou quatre ans.

8° *Helenium atropurpureum* (composées), illus. hort. plan. 106. Cette plante, originaire du Texas, mérite de trouver place dans tous les jardins d'amateurs par son effet ornemental et la beauté de ses fleurs; elles sont ailées et portent des feuilles linéaires, lancéolées, sessiles, décurrentes, criblées de petites glandes, qui sécrètent une matière résineuse odorante et d'une saveur fort amère (cette plante pourra peut être servir de succédanée au *Pyretrum Caucasicum* pour la destruction des insectes). Quant à sa culture, voici ce qu'en dit M. A. Verschaffelt.

« Cette espèce est vigoureuse, rustique, mais végètera

avec d'autant plus de luxuriance que le sol sera meuble et riche en humus. On devra drainer celui-ci avec soin dans les endroits humides. Multiplication prompte et facile par la séparation des touffes faite en automne ou au premier printemps. »

Serres tempérés et Serres froides.

9° *Heterotropa asaroïdes*, Hétérotropa à forme d'asarum. (Aristolochiées), Bot. mag. 4933. Cette plante est remarquable par la beauté de ses feuilles cordées et marbrées de vert et blanc, comme celle du *Cyclamen europœum*, et par la bizarerie de ses fleurs qui naissent sur le rhizome. On la cultive en serre froide, mais elle peut cependant passer l'hiver en pleine terre.

10° *Statice macroptera*, Statice à larges ailes (Plumbaginée), Illus. hort. pl. 105. Cette nouvelle espèce est sans contredit l'une des plus brillantes du gracieux genre des Statices. Le Corymbe floral est très ample et les calices d'un beau bleu sur lequel se détachent cinq rayons blancs.

11° *Dircœa Blasii*, Dircœa de Blass (Gesneriacées), flore des serres. La flore des serres accompagne les dessins de cette plante des lignes suivantes :

« Il serait difficile de rencontrer dans la brillante » famille des Gesnériacées un objet plus noble, plus gra- » cieux et plus riche à la fois que le *Dircœa Blasii*. Cet » éloge s'applique surtout à des exemplaires vigoureux » et cultivés dans toutes les règles de l'art. »

12° *Calboa globosa*, Calboa globuleux (Campanulacées), jour. hort. soc. v. 83. C'est une plante, vivace, diffuse, dont la corolle est grande de 7 à 8 centimètres, d'un beau rouge foncé, à tube cylindrique et courbe, à l'imbe dressé, campanulé, divisé en cinq lobes arrondis.

13e *Ceanothus cuneatus*, Céonothus à feuilles en coin (Rhamnées), hort. soc. jour. C'est un arbuste de deux à trois mètres de hauteur, à fleurs blanches.

14° *Budleia Colvilei*, Budlée de Colvile (Scrophulariacées), Illust. hort. pl. 127. C'est peut-être la plus belle espèce du genre; les feuilles sont grandes, lancéolées et finement dentées; les fleurs, réunies en une panicule condensée, sont pourvues d'une corolle assez longue et d'un rouge vif.

Nous recommandons à l'attention de nos fleuristes les variétés suivantes de *Diplacus*, obtenues par M. Ingelrelst, jardinier-chef du jardin botanique de Nancy, et publiées par M. A. Verschaffelt, dans son *Illustration horticole*.

15° *Diplacus Godronii*, fleurs grandes, rouge pourpre, maculées rouge foncé noirâtre, avec le fond de la gorge jaune orange.

16° *D. Verschaffeltii*, fleurs moyennes, rouge cramoisi violeté, maculées rouge noirâtre, avec le fond de la gorge blanc ponctué jaune d'or.

17° *D. Spleadida*, fleurs grandes, rouge vermillon, strié rouge vif, fond de la gorge jaune.

Ces trois variétés se cultivent comme l'espèce typique. Pendant toute la belle saison on les expose à l'air libre, à mi-ombre ou même au grand soleil; en ne leur ménageant pas les arrosements et les seringages pendant tout le temps de leur période de végétation, on peut même les planter en mai en pleine terre pour les en relever vers la fin d'octobre. Sol riche. Multiplication facile par boutures faites de mai en juillet, à chaud et à l'étouffée, mais qu'il faut cependant un peu surveiller.

La culture du *Camellia* fait des progrès extraordinairement sensibles, et les gains nouveaux deviennent de plus en plus remarquables, témoins les variétés suivantes que nous recommandons d'une manière toute particulière.

18° *Camellia Baron de Vrière* (A. Verschaffelt), fleurs plus que moyennes, formées de très nombreux pétales égaux, arrondis, légèrement bilobés au sommet, étalés, très régulièrement imbriqués d'un rose gai, pâlissant légèrement vers le centre, où ils figurent en cœur dense et serré; chacun d'eux est longitudinalement traversé par une bandelette d'un rose plus pâle et se termine au point d'échancrure ; plante constante, florifère, d'un port élancé et élégant.

19° *Camellia Vicomte de Nieuland* (A. Verch.), variation du Camellia *Marie-Thérèse* fixée par la greffe ; fleurs grandes, parfaitement et régulièrement imbriquées, pétales d'un rose frais et gai, avec quelques stries blanches vers le centre, aboutissant vers les deux lobes arrondis ; plante robuste et florifère.

20° *Camellia Duchesse de Nassau* (A. Verch.). Cette variété, de la catégorie des perfections, se distingue par ses fleurs formées de grands pétales d'un rose tendre sur fond blanc, légèrement déchiquetés au sommet, tous bien étalés ; floraison facile et abondante.

21° *Camellia Bella Romana* (Semis Italien). Cette variété se distingue par ses fleurs grandes, formées de grands pétales presque tous égaux, arrondis, imbriqués d'une manière parfaite; sur un fond rose se détachent de nombreuses stries de grandeurs diverses, d'un cramoisi vif (comme les œillets flamands), les bords des pétales sont finement striés de même couleur. Beau feuillage, floraison abondante et facile. Cette variété surpasse en beauté et en perfection le beau et magnifique *Camellia Comtesse Lavinière Maggi*, avec lequel elle a quelque analogie.

22° *Camellia Fanny Sanchioli* (Semis Italien). Les fleurs de cette charmante et virginale variété sont de première grandeur, d'un blanc pur avec une transparence très légèrement rosée et une nuance sulfurine au centre, tandis que de jolis macules roses se montrent çà et là. Les pétales en sont grands, arrondis, bilobés au sommet et imbriqués avec la plus parfaite régularité; port élancé et élégant; feuillage ample, d'un beau vert; floraison facile.

Ces variétés se cultivent comme leurs congénères: vases drainés, terre de bruyère avec mélange d'humus léger et azoté (du guano, par exemple, en petite quantité), arrosements modérés, bassinages plus fréquents; sortie dans le courant de juin, rentrée dans le courant de septembre; retranchement de la surabondance des boutons: ceux-ci seront coupés transversalement dans leur milieu et non détachés de la plante. Exposition demi-ombrée à l'air libre, température modérée dans la serre; multiplication par greffes faites à chaud et à l'étouffé sur boutures fortes de sauvageons.

Culture maraichère.

Dioscoræa batatas (Igname batate). On a beaucoup trop vanté peut-être la Dioscorée de la Chine, qui devait, dit-on, détrôner la pomme de terre et par son produit et par ses qualités nutritives. Mais malgré les louanges un peu outrées, malgré le talent de quelques horticulteurs, d'ailleurs fort distingués, la pomme de terre est restée jusqu'à ce jour victorieuse; sans doute, parce que les défauts de cette Chinoise l'emportent de beaucoup sur ses bonnes qualités. On dit que cultivée *bourgeoisement* elle rend cependant d'assez bons services; c'est du moins l'opinion de quelques jardiniers de maisons riches et de quelques amateurs.

Cerfeuil bulbeux. L'enthousiasme a un peu abandonné la *Dioscorœa batatas* pour se reporter sur un légume plus anciennement connu, mais pas plus cultivé. Les louanges ne tarissent pas sur cette plante, que les uns nomment cerfeuil *bulbeux* et que d'autres appellent *tubereux*, et qui n'est peut-être ni l'un ni l'autre.

Nota. Il est fort douteux que cette plante fasse une grande révolution dans l'Horticulture, attendu 1° que la germination est longue, si la graine n'est pas semée dans les deux mois qui suivent la récolte; 2° que la racine, à laquelle on prête une saveur intermédiaire entre celle de la châtaigne et celle de la pomme de terre, acquiert, après une année de culture, un faible développement.

Parmi les plantes alimentaires nouvelles, on recommande les suivantes :

Haricot nain bicolor de Chine, qui reste bon mange-tout assez longtemps.

Les Choux pommés de Revelet et de *Kolomna.*

Le Chou-navet de Rostow a été trouvé très doux.

La Carotte de Worobiew est une bonne racine, préférable à la demi-longue, et plus hâtive.

Le Melon de Saghalien (du fleuve Amour) a la chair blanche, fort juteuse et de bon goût. Il semble préférable aux melons blancs ordinaires.

Le Radis de Gravor (Russie) luttera avec avantage avec les radis d'hiver.

L'Artichaut de Niort mérite de trouver place dans les grands jardins d'amateurs et dans tous ceux des maraichers.

Arboriculture.

Quercus lamellosa, chêne à fruits lamellés. Illus. hort. pl. 125 (Cupulifères). Cette magnifique espèce fut découverte, par les collecteurs de Wallich, dans les parties tempérées de l'Himalaya central et oriental, dans le Sikkim et le Bootan, où elle croit à une altitude supramarine de 5 à 8,000 pieds.

On doit, à M. Fortune, l'introduction en Europe d'un grand nombre de plantes Chinoises, et particulièrement celles de plusieurs pêchers à fleurs doubles, parmi lesquelles se distinguent trois variétés remarquables; l'une a les fleurs d'un rose écarlate, la seconde est panachée de couleur de chair, et la troisième, qui est très florifère, porte des fleurs larges, très pleines, à pétales nombreux, grands, bien étalés, d'un diamètre de quatre à cinq centimètres, d'un rouge foncé et brillant.

Arboriculture fruitière.

Eugenia Ugni Eugénie de Ugne (Myrtacées), Gard. chro. 1857.

La plante nommée *Eugenia Ugni* est plutôt un arbrisseau qu'un arbre. Elle est originaire du Chili. Sa culture est facile. Le fruit consiste en baies rondes, du volume des baies du Groseillier noir ou cassis, d'un violet noirâtre, dont le goût, lorsqu'elles sont mûres, ressemble à celui produit par un mélange de fraises, d'ananas et de goyaves violettes.

On annonce une assez grande quantité de fruits nouveaux de Belgique, soit en Poires, Pommes, Pêches, Prunes, Cerises, Raisins, Framboises et Fraises.

La poire *Roi de-Rome*, figurée dans les Annales de pomologie Belge et étrangère, page 51, 1858, ressemble tellement à notre poire *Curé*, qu'on ne peut pas la regarder comme une variété nouvelle.

La poire *Général Tollben*, décrite par M. Papeleu et figurée dans l'*Illustration Horticole*, décembbre 1858, a une grande analogie, pour le facies, avec la poire *Triomphe de Jodoigne*. On la dit bonne et mûrir de février en mars.

La poire *Nouvelle-Fulvie* (Grégoire) est grosse ou très grosse, elle est annoncée comme d'une qualité tout-à-fait supérieure et mûrissant de janvier en février. Elle est figurée et décrite dans les *Annales de Pomologie Belge*, tome V. C'est la même qui avait été introduite, il y a dix ans sous le nom simple de *Fulvie*.

La Poire *Hélène-Grégoire* est belle et délicieuse; elle mûrit de décembre en janvier.

Nous recommandons également les Poires *Souvenir de la Reine des Belges*, *Léon Grégoire*, *25me anniversaire de Léopold Ier*, *Louis Grégoire*, *Beurré Delfosse*, et *Madame Grégoire*. Toutes ces variétés, dégustées avec soin, ont été trouvées fort bonnes.

La *Pomme-Ananas*, décrite et figurée dans la *Belgique Horticole*, janvier 1858, est un beau fruit d'automne très répandu et fort estimé en Allemagne, où il porte une foule de noms.

Le *Bigarreautier à rameaux pendants*. Ce bigarreau est, suivant la *Belgique Horticole*, un fruit gros, luisant, à peu près rond, sans rainure prononcé.

La *Cerise belle Agathe de novembre* (Belg. hort.). Fruit doux, très tardif et de bonne qualité ; il est fort beau.

C. F[ne] WILLERMOZ.

Avril.

Si les travaux du mois de mars ont été nombreux et pénibles, ceux de ce mois le sont encore davantage ; à partir des premiers jours d'avril, le jardinier n'a plus de repos, ses travaux sont en pleine activité : semis, repiquages, arrosages, sarclages réitérés, tout arrive à la fois, et, pour bien réussir, il ne doit laisser aucune partie en souffrance.

CULTURES POTAGÈRES NATURELLES.

Les artichauts doivent être complètement débuttés, le sol convenablement fumé, biné et approprié. Dans le courant du mois, on enlève proprement les rejets ou œilletons trop nombreux ; deux ou trois bien constitués suffisent à chaque plante : ceux enlevés seront replantés, autant que possible par un temps couvert, en ligne, à une distance de 80 centimètres environ, dans un sol riche et profond.

Semis.

Il faut continuer les semis des diverses espèces et variétés de Choux indiquées le mois précédent et y ajouter celui à *jets de Bruxelles.* Semer les Laitues d'été : la *Pomme frisée blonde*, la *hâtive de Simpson*, le *Chou de Naples*, la *Pommée de Suède* et la *très grosse de Russie* sont fort recommandables; les *Gottes hâtive* et *lente à monter*, la *Crêpe*, la *Mousseronne* et la *Bellegarde*, sont délicates et savoureuses; les Romaines *blonde*, *monstrueuse*, *brune*, *rouge*, *dorée* et *sanguine améliorée*, doivent avoir la préférence sur leurs congénères. On sème les Chicorées, particulièrement la *dorée*, la *toujours blonde* et *la mousse*, remarquables par leur finesse et leur couleur; la Chicorée *amère améliorée* est une bonne introduction.

Parmi les graines à semer, nous recommandons celles des Carottes *courte hâtive de Hollande*, longue d'*Altringham* et blanche *transparente* si bonne et si délicate. Celles des Céléris *plein blanc court hâtif*, *Colès*, *nain très frisé* et *rave hâtif d'Erfurt*. Celles des Cardons *plein blanc inerme* et *Puvis* à très larges côtes. Nous recommandons en outre le Cresson *alenois frisé*, l'Oseille *de Fervent*, le Panais *rond* pas assez cultivé dans le Lyonnais, le Persil *très frisé de Windsor*, le Poireau *de Rouen* et les radis demi-longs *écarlate de Desgauchez* et le demi-long *rose à bout blanc* très hâtif.

On sème, vers la fin du mois, les Haricots précoces; les plus hâtifs sont les nains, *hâtif de Hollande*, le *Flageolet jaune*, le *gris* de *Bagnolet* et le *noir de Belgique*. Le Navet *blanc hâtif* et la Rave *printanière* peuvent être semés dans ce mois, ainsi qu'une infinité d'autres graines appartenant aux plantes potagères, tels que Salsifis, Scolyme *d'Espagne*, Scorsonère, etc., etc.

On peut remplacer l'Epinard, qui commence à s'épuiser dans ce mois, par la Tétragone étalée qui fournit une abondante quantité de feuilles succulentes et aussi bonnes que celles de l'Epinard. La graine de ce Mesembryanthème, semée en pleine terre, germe lentement ; il est donc à propos de la semer, au commencement d'avril, dans de petits pots remplis de terre légère, de les exposer sous châssis jusqu'à la fin du mois, époque à laquelle on plante en pleine terre légère, fumée et bien éclairée, car plus il fait chaud, plus les feuilles sont abondantes. On aura le soin de ne mettre que deux à trois graines par chaque pot, de choisir les plus forts plantons qu'on espacera entre eux de 70 à 80 centimètres.

(Avant de semer la graine en pleine terre, il est à propos de la faire tremper pendant 24 heures dans l'eau.)

Plantations.

On repique, vers la fin du mois, en pépinière ou en place, selon leur force, les plantons de Choux semés en mars et qu'on aura garantis des atteintes de l'Altise qui cause tant de ravages sur ces plantes et en général sur toutes celles de la famille des Cruciacées.

Vers la fin du mois, si la température est assez élevée, on met en place les Courges, les Giraumons, les Potirons, les Patissons et les Concombres. Nous recommandons les Courges *à la moelle*, de *l'Ohio*, de *Corfou*, *Messinoise*, *Sucrière du Brésil* et des *Patagons*. Le Patisson *bonnet d'électeur* non coureur, le Giraumon *turban panaché*, les Concombres *long anglais*, *Man of Kent*, *Gladiator* et *blanc long hâtif*.

On repique sous châssis, au commencement du mois, les Aubergines et les Tomates, pour leur donner plus de force. Si ces plantes prennent un fort développement, on peut les pincer sans crainte ; elles seront plus vigoureuses et plus fertiles. On agira de même pour les Melons semés sur couche.

Jardin d'agrément.

On sème en place ou en pépinière toutes les graines de plantes annuelles et vivaces, dont la germination est facile. On repique à demeure les plantons obtenus de semis du mois précédent. On éclaircit le plant trop épais des plantes annuelles semées en place l'automne ou pendant les mois de février et mars. On arrose largement le matin, en cas de sècheresse, si la température le permet.

On refait les bordures de buis. On renouvelle le sable des allées. On fait la chasse aux insectes. On fauche les gazons des pelouses.

Couches et serres tempérées.

On conserve sur couche et sous châssis les plantes délicates, jusqu'à ce qu'elles n'aient plus à craindre les gelées du printemps, qui, dans nos pays, causent souvent de grands dommages les premiers jours de mai.

On sème encore sous couche les graines à germination lente et difficile. Le chauffage des serres tempérées sera suspendu ; l'air y devra circuler librement et abondamment. Les arrosages et les bassinages seront plus copieux et plus fréquents que ceux du mois dernier. Les plantes prêtes à fleurir, seront rapprochées des vitrages qu'on tiendra ombrés. Les pucerons seront chassés et détruits par les fumigations de tabac, ou au moyen de poudre insecticide et de fleur de soufre.

Arbres fruitiers et pépinières.

On terminera les semis de pépins et de noyaux en pépinière. On pratiquera ou l'on continuera les greffes

Lagrange, *anglaise* et *en couronne*. Comme, à cette époque, toutes les tailles sont terminées, on s'assurera si toutes les grosses plaies, pratiquées par la taille ou d'autres opérations, ont été cicatrisées au moyen de mastic, onguent, etc. On doit palisser les arbres en espalier, les éborgner et les ébourgeonner : ces deux opérations doivent se faire avec soin et prudence. Eborgner ou ébourgeonner tout en une seule opération et sans discernement, c'est compromettre la santé d'un arbre ; ébourgeonner trop tard un arbre peu vigoureux, c'est le rendre plus malade, et ébourgeonner trop tôt celui d'une grande vigueur, c'est l'exciter à pousser encore davantage.

Les arbres nouvellement plantés seront tenus frais, au moyen d'arrosages modérés, si une sècheresse se faisait sentir. On recouvrira leur pied de paillis

Les chenilles commencent, dans ce mois, à faire une guerre dangereuse aux jeunes pousses et aux feuilles naissantes ; il faudra donc surveiller sévèrement l'échenillage et attirer, autant que possible, les oiseaux destructeurs de ces insectes, qui sont plus habiles que le jardinier à rechercher les chenilles et une multitude d'autres petits insectes nuisibles. Il suffit de quelques familles de merles, de grives, de fauvettes, de mésanges et de rossignols pour faire disparaître d'un jardin ou d'une pépinière toutes les chenilles. Or, il est facile d'attirer ces oiseaux et de les fixer, pour ainsi dire, près des jardins, dans un massif d'arbres, par exemple, ou dans un bosquet, en leur donnant pour premier appât dans une soucoupe de bois, une petite provision de vers ou larves que l'on trouve dans la farine (*Tenebrio* et ses variétés).

Par prudence, si la température semblait s'abaisser,

on usera des abris pour les arbres en espalier. Les jeunes arbres qui auraient une tendance à prendre une mauvaise direction, seront redressés au moyen de tuteurs placés le long de ces végétaux et sur leur côté exposé au couchant. Si les arbres sont à haute tige, le tuteur ne dépassera pas la naissance des premières branches; l'arbre et le tuteur seront séparés par des coussins en paille.

Floriculture de pleine terre.

Plantes qu'il importe de voir figurer dans les jardins :

1° *Magnolia Léné* (*Illustration horticole*, tome 1er). Ce Magnolia à feuilles caduques est le plus beau du genre. Il végète vigoureusement, à l'exposition du levant, dans une terre meuble et terreautée.

2° *Forsythia suspensa*. Forsythia à rameaux pendants (Bot. mag. pl. 4,995.).

Cette espèce est aussi rustique que le *Fors. viridissima* et l'emporte sur lui en beauté et en grâce ; ses fleurs sont plus grandes, mieux faites, son port plus élégant. Il fleurit de même, au commencement du printemps, avant le développement des feuilles, ses fleurs sont grandes, jaunes et fort belles. Les rameaux sont nombreux, épars, allongés, pendants et revêtus d'une écorce rouge.

3° *Prunus triloba*, Prunier à trois lobes (Gard. chro.)

Cet arbre rustique et ornemental a été introduit de la Chine en Europe par M. Fortune. Ses fleurs semi-doubles, d'un coloris rosé, fort délicat, mesurent environ 3 centimètres et demi de diamètre. Les feuilles, pointues, doublement dentées, sont généralement en forme de coin et trilobées, ce qui est fort remarquable dans le genre prunier. L'ovaire est velu comme celui d'un pêcher.

4° *Stokesia cyanea*, Stokésie à fleurs bleues (Composée), *Journal d'Horticulture pratique*, n° 4.

C'est une plante herbacée, vivace, à tige dressée, arrondie, ramifiée, glauque, glabre, un peu tomenteuse vers le haut. Les branches sont souvent de couleur violacée. Le capitule des fleurs très ample, d'un bleu violacé ; fleurons très nombreux, les extérieurs presque radiés, plus grands et plus profondément fendus au sommet que les autres.

5° *Astible rubra*, Astible rouge (Saxifragée), Bot. Mag., pl. 4959.

Cette fort jolie plante rustique offre le port et la floraison d'une Spirée. La tige s'élève de 1 mètre 50 centimèt. à 2 mètres de hauteur. Panicule robuste, fleurs rouges petites et nombreuses ; sol ordinaire, exposition mi-ombrée.

6° *Aucuba Himalaica*. Aucuba des monts Himalaya (Cornacée), *Illustration horticole*, 1859.

Les feuilles de cette espèce sont unicolores, plus étroites que celles du *Japonica*. Les fleurs, petites, roses, nombreuses, donnent naissance à un fruit orange de la forme et de la grosseur d'une petite olive qui produit un effet très agréable. Il est probable que cette espèce sera aussi rustique que sa congénère.

Serres tempérées et serres froides.

7° *Epacris miniata, var. splendens*, Epacride à fleurs vermillon brillant (Epacridées), Illus. hort., 1859.

Cette charmante variété ou hybride d'Epacride est née en Angleterre, dit-on, de graines recueillies sur une *Epacris miniata*. Toutefois, elle l'emporte infiniment en beauté florale et en vigueur sur sa mère ; les fleurs en sont beaucoup plus grandes et plus vivement colorées, et constituent un fort bel ornement pour les serres froides en hiver.

8° *Bartonia scabra*, Bartonie à feuilles rudes (Légumineuse), Belg. hort.

Le *B. scabra* porte les plus élégantes fleurs de ce genre, et se distingue très nettement par la singulière surface scabre et rude au toucher de ses feuilles. Elle prospère dans une serre froide bien aérée ; les fleurs sont nombreuses et accumulées à l'extrémité des rameaux ; elles s'ouvrent vers le mois de mai.

9° *Cereus Tonelianus*, Cierge de Tonel (Cactée), Illust. hort.

C'est une espèce basse, se ramifiant dès la base, trapue, très vigoureuse, glaucescente, à huit côtes au plus, fortes, arrondies, très épaisses, gibbeuses, convexes entre les faisceaux d'aiguillons.

10° *Monochætum sericeum* (Mélastomacée). Illustrat. hort.

Petit arbrisseau touffu à feuiles ovales acuminées, recouvertes d'un duvet blanchâtre et soyeux. Fleurs très abondantes, d'un rose tendre et de la grandeur de celles du *M. Ensiferum*. Elle supporte parfaitement la serre froide où elle se fera remarquer, depuis février jusqu'en avril, par l'abondance de ses jolies fleurs roses.

11° *Monochætum Ensiferum*.

Cette charmante espèce, comme la précédente, se laissera facilement forcer. Elle deviendra une plante favorite pour orner pendant l'hiver non-seulement les tablettes des serres, mais aussi les salons et les boudoirs, où l'on recherche des arbrisseaux élégants, de petite taille, à fleurs nombreuses et apparentes.

12° *Vaccinium serpens*, Airelle serpentine (Vacciniée). Illustration horticole.

Voici l'une des plus belles espèces de la splendide section du genre *Vaccinium* à laquelle elle appartient. Cette plante, très ramifiée et très abondamment feuillée, se couvre de fleurs tubulées, longues de 2 et demie à 3 centimètres, larges d'un centimètre, jaune orange avant l'épanouissement du tube de la corolle ; celle-ci entièrement développée, passe au rouge cerise. On conseille de cultiver cette plante dans une terre composée de bois pourri et de détritus de végétaux, et de la placer dans quelque interstice de rocher, ou dans quelque tronc d'arbre creux, d'où elle étalerait tout à son aise ses nombreux rameaux.

Culture maraîchère.

M. D. Loumaye signale, comme très remarquable, la *Laitue de Castille*, dont l'origine lui est inconnue. Il dit que cette variété est excellente, tendre, croquante et douce, n'est point sujette à prendre de l'amertume comme la *Batavia*, à laquelle elle ressemble jusqu'à un certain point. Elle ne demande non plus aucun soin particulier, et devient énorme dans les terres douces, fraîches et fertiles.

Le *Pois Eugénie* et le *Pois Napoléon*, dit encore M. D. Loumage, sont deux nouvelles variétés du *Pois ridé de Knight*, et qui ne diffèrent entre elles que par la couleur du grain, qui est jaune dans la première et vert dans la seconde. Ces deux variétés à demi-rames sont très productives et très précoces. Elles ont le grain tendre, moelleux, très sucré et d'excellente qualité.

Le Pois *Comenchon*, introduit par la maison Vilmorin, de Paris, est très hâtif et assez fertile.

Arboriculture.

On ne saurait trop recommander l'introduction, dans les parcs et les grands jardins, du châtaignier à feuilles panachées, multiplié par M. Ambroise Verschaffelt, horticulteur, rue du Chaume, à Gand ; et celle du châtaignier pyramidal, découvert et multiplié par MM. Jacquemet-Bonnefont, père et fils, pépiniéristes à Annonay ; l'un est recommandable par son beau feuillage panaché de jaune tendre, et l'autre par son port élancé et majestueux.

Arboriculture fruitière.

Le docteur Bretonneau, de Tours, pomologue très distingué, recommande la Cerise de *Planchouri*, qui fait partie de la classe des cerises proprement dites, les meilleures variétés du genre. Le fruit est gros, d'un beau rouge, à pédicelle court (4 centimètres), et mûrit habituellement dans la deuxième quinzaine de juillet. La chair est rosée, fine, fondante, son jus est sucré, légèrement acidulé.

Pomme duchesse de Brabant (Gailly). C'est un gros fruit, large, fortement déprimé aux deux pôles et légèrement rétréci vers son sommet. La peau est fine, fortement colorée de rouge foncé sur la partie exposée aux rayons solaires ; et du côté de l'ombre vert clair, passant au jaune d'or à l'approche de sa maturité.

La chair est blanche, demi-ferme, fine, juteuse, d'un goût agréable, sucrée, acidulée et d'une saveur relevée.

La maturité a lieu vers la fin de novembre et se succède jusqu'en mars ; mais, à cette époque, le fruit a beaucoup perdu de sa qualité : tout sujet, toute forme.

La poire *Devergnies*, décrite et figurée dans les Annales de Pomologie belge et étrangère, numéros 7 à 9 (1858), ressemble, à s'y méprendre, au *Doyenné Goubault*. On la dit d'une qualité supérieure et mûrit de janvier à février.

C. Fné WILLERMOZ.

Mai.

Au mois de mai, un jardin bien tenu ne doit plus présenter de places vides; s'il en reste, elles doivent être prêtes à recevoir et graines et plantons. Les semis, les éclaircissements, les plantations, les râtissages, les binages, l'extraction des mauvaises herbes, les arrosages, la chasse aux insectes, sont des soins de chaque jour, qui réclament, pour réussir, toute la vigilance du jardinier et toutes ses connaissances.

Cultures potagères naturelles.

On plante les œilletons d'artichauts, que le manque de temps ou qu'une circonstance défavorable aurait empêché de mettre en place vers la fin du mois d'avril. Si la sécheresse se fait sentir, il faut arroser copieusement les artichauts qui ont été désœilletonnés le mois dernier; si on ne peut pas arroser abondamment, mieux vaut ne pas arroser du tout.

On continue à semer toutes les graines potagères indiquées aux deux mois derniers. Les laitues *de Versailles, blonde de Berlin*, *Turque*, *blonde paresseuse* et celle à *feuilles d'épinard*, résistent bien aux fortes chaleurs de l'été; les premières, qui feront leur pomme au mois de juin, se sèment dans le courant du mois, la dernière se sème au commencement, on la coupe jeune et on la mange cuite en guise d'épinard, qu'elle remplace à peu près. Nous préférons, pour cet usage, le *Quinoa blanc*, que l'on sème en ce mois : sa feuille cuite et préparée comme celle de l'épinard est très bonne. La culture du *Quinoa blanc* n'est point difficile : on sème la graine en lignes espacées de 20 à 25 centimètres, ou à la volée, dans une bonne terre légère ; on éclaircit le plant s'il est trop dru ; à mesure que la tige se garnit de feuilles, on fait la récolte, et lorsqu'une plante commence à être épuisée, on la coupe à 12 ou 15 centimètres du sol, pour lui faire repousser de nouveaux jets qui fournissent une seconde récolte ; on aura soin d'arroser assez souvent.

On sème les haricots à rames que l'on range, comme les nains, en plusieurs catégories :

1° Ceux dont on ne mange seulement que les grains frais ou secs, tels sont : le *Soissons*, le *Sieva*, celui de *Lima*, celui d'*Espagne blanc* et le *riz*.

2° Ceux dont on mange les cosses vertes et petites ; les plus recommandables sont le *Villetaneuse* (très fertile), le *sabre*, le *Lafayette* et le *Jaune de Hambourg*. Les trois dernières variétés ont la cosse longue et large ; elles font d'excellents haricots verts, leur grain nouveau ou sec est d'une finesse rivalisant avantageusement avec celui de Soissons, qui n'acquiert réellement ses bonnes qualités que dans les environs de Soissons.

3° Enfin, ceux qu'on désigne sous le nom de *Mange-Tout* ou *Sans-Parchemin*, c'est-à-dire ceux dont la cosse et le grain peuvent être mangés ensemble, même un peu avant leur maturité.

Les variétés les plus recommandables de cette catégorie sont : le *Prédome* ; le *Prague rouge* et ses variétés, connues sous les noms de *P. bicolore*, *P. jaspé* ou *marbré*; le *Sophie* ou *coco blanc* et le *Beurre*, plus connu sous le nom de haricot *d'Alger*, plus hâtif et plus délicat que ses congénères : sa cosse, qui passe assez promptement au jaune d'or, semble être mûre, tandis qu'il n'en est rien. Cette couleur l'a fait longtemps, bien à tort, rejeter des marchés ; c'est cependant dans cet état, qui lui est propre, qu'il est si tendre et si bon.

Vers la fin du mois on sème la *chicorée frisée de Meaux*, résistant bien aux chaleurs de l'été, et souffrant peu de l'humidité de l'automne, moment où elle est bonne à récolter.

On continue les semis de cardons ; ils réussissent très bien dans ce mois. Nous avons indiqué le mois dernier les variétés qu'il faut préférer.

On peut, sans trop de danger, semer, au commencement du mois, des melons en pleine terre, sauf cependant quelques précautions. Nous recommandons la méthode Loisel, qui consiste à construire des buttes avec du fumier et du terreau : on creuse une fosse circulaire de 1 mètre environ de large et de 20 centimètres de profondeur, on la remplit de fumier à moitié consommé jusqu'à 10 ou 15 centimètres au-dessus du sol ; après avoir tassé ce fumier d'une manière convenable, on le recouvre d'une couche de terreau, qu'on élève sous la forme de cône, jusqu'à une hauteur de 30 à 40 centimètres ; le sommet du cône est aplati horizontalement, et c'est sur le milieu de ce petit plateau, de 30 à 40 centimètres de diamètre, qu'on place deux ou trois graines bien nourries, en ayant soin de les enfoncer la pointe la première et de les couvrir de 1 centimètre de terreau.

Ce semis exécuté est recouvert d'une cloche en papier ou de calicot huilé. Lorsque la graine a germé, on donne un peu d'air pendant le jour, si le temps le permet. Un seul plant, le mieux constitué, sera conservé, ses voisins seront enlevés. Les autres soins consistent en des pincements sagement exécutés et en bassinages bien entendus. Le melon bien formé ne doit pas rester sur la terre: arrivé à la grosseur d'une orange, on le place sur une enfourchure formée par trois petits bâtons plantés obliquement en triangle, où il reste jusqu'à sa maturité. Par cette méthode les melons sont rarement mauvais.

Les meilleures variétés de melons sont, dans les brodés, les *Petits-Ananas* d'Amérique à chair rouge et à chair blanche, le *Moschatello de Loisel*, le *M. de Valence*, le *Cedrati* de *Naples* et le *M.* de *Constantinople*; les *M. Cantaloup hatif* d'*Angleterre*, d'*Orange*, d'*Alger*, *noir* des *Carmes*, *noir de Portugal* et du *Mogol*, sont de bonnes sortes; les *M. Maraîcher* de *Charonne* possèdent de bonnes qualités.

JARDINS D'ORNEMENT.

Renouveler les semis des Reines-Marguerites, Balsamines, Capucines et Liserons, toutes plantes propres à entretenir les massifs et à décorer les parterres pendant la belle saison. On doit soigner, pendant ce mois, les collections de jacynthes, de tulipes, de renoncules, d'anémones et de crocus, plantés depuis longtemps. Pour jouir d'une floraison de tulipes dans toute leur beauté, on fera bien de tenir une toile, à mailles peu serrées, étendue au-dessus de la planche, principalement pendant la plus forte chaleur du jour, et surtout à l'approche d'un orage qui détruirait tout en un instant. On peut encore, dans ce mois, planter des anémones et des renoncules, en ayant la précaution de leur choisir une place mi-ombrée ; toutefois la floraison de ces plantes, qui aura lieu en juin et juillet, ne sera pas aussi remarquable que celle des mêmes plantes confiées au sol avant l'hiver.

On renouvelle les semis des fleurs annuelles et vivaces de pleine terre, soit en pépinière, soit en place ou en vase, afin de tenir les plates-bandes constamment garnies. On dispose successivement les plantons, dans les parterres, selon la forme, la grandeur et la couleur des fleurs qu'ils doivent produire pour obtenir les plus heureux contrastes.

Le Dahlia peut être confié à la pleine terre vers la fin de la première quinzaine du mois ; plus tôt, une petite gelée blanche pourrait l'endommager, tant la première pousse est tendre et délicate. On forme de délicieux massifs avec des Pétunias, des Verveines, des Geraniums zonales, des Balisiers, des Fuchsias, etc., etc.

Couches et serres tempérées.

Vers le milieu de mai, on commence à dégarnir l'orangerie de toutes les plantes peu délicates qu'elle a abritées pendant l'hiver, et les plantes de la serre tempérée viennent les remplacer provisoirement, jusqu'à ce qu'elles se trouvent assez aoûtées pour supporter, sans souffrir, l'air extérieur ; par cette méthode, la plante de la serre tempérée, qui se trouve placée dans un milieu plus vaste et plus aéré, passe ensuite sans danger à l'air libre.

On peut, dans ce mois, faire les greffes, boutures et marcottes des plantes d'orangerie et de serre tempérée, qu'on exécute sur couche et sous cloches. On sème aussi, sur couche, les graines des plantes exotiques : elles réussissent mieux à cette époque qu'à toute autre.

Les grands arbustes d'orangerie qui n'auraient pas été taillés, nettoyés, appropriés et rempotés vers le milieu de mars, doivent l'être à leur sortie, à moins toutefois qu'il n'y ait pas urgence à le faire.

Arbres fruitiers et pépinières.

On ébourgeonne, on palisse, on dirige et l'on pince. La plupart de ces opérations, qui ont été commencées le mois dernier, si la saison est avancée, seront continuées, s'il y a lieu, jusqu'en juillet; on apportera dans leur exécution la plus grande prudence. Quelques auteurs disent qu'il faut pincer lorsque les bourgeons ont atteint 6 à 7 centimètres de longueur, mais ils ne s'expliquent pas assez clairement sur la manière d'opérer; il est bon de l'indiquer ici : on ébourgeonne, on pince, on palisse successivement, car si toutes ces opérations étaient exécutées simultanément, l'arbre pourrait souffrir et même souffrir beaucoup. Ainsi, ces travaux n'ont pas d'époque déterminée, ils doivent se faire tout l'été et chaque fois que le besoin l'exige; ils sont donc de tous les jours et non d'un seul : aujourd'hui un bourgeon est pincé, demain un autre le sera, ainsi de suite. Relativement à la longueur des bourgeons à pincer, elle peut être de cinq, de six, de dix et même de douze centimètres, cela dépend de l'organisation de l'arbre Si on pince à cinq centimètres un bourgeon d'une variété à mérithales très rapprochées, il pourra s'éteindre, l'expérience de chaque année le prouve; pincez au contraire à douze centimètres celui d'une variété à mérithales espacées, il sera longtemps à se mettre à fruit. Il faut donc étudier non-seulement la vigueur de l'arbre, avant de le pincer, mais encore sa manière de végéter, différemment on s'expose à voir un arbre à productions éteintes ou stériles.

Continuer la chasse aux insectes nuisibles, particulièrement aux chenilles et aux charençons, connus sous les noms de lisettes, coupe-bourgeons. La chasse de ces derniers est moins difficile qu'on l'imagine : en s'y prenant un peu matin, on trouve ces petits insectes cachés dans les feuilles; quelques espèces s'accouplent au commencement de mai, dans cet état elles sont peu agiles; on place alors sous l'arbre un linge blanc, on imprime une forte secousse à l'arbre, l'insecte tombe et on l'écrase.

Floriculture de pleine terre.

Fleurs à cultiver dans les jardins d'ornement :

1° *Pyrethrum roseum plenum*, pyrèthre rose, à fleur pleine. (Composées) (Hort. prat., n° 7, 1847.) Le pyrèthre rose à fleur pleine et ses congénères, *Gloire de Nancy* et *Tom-Pouce*, sont de précieuses acquisitions pour les massifs. Le premier, à pédoncules très longs, porte une ample capitule à double rangée de rayons larges, longs, d'un beau rose. Le second présente de grandes capitules à longs rayons plats disposés sur deux rangées, et d'un carmin tellement velouté qu'il est impossible au peintre d'en traduire, sur le papier, la teinte exacte et surtout le brillant éclat. Le troisième s'élève à 12 ou 15 centimètres au plus, et porte, à peine haut de 10 centimètres, une dizaine de fleurs d'un riche carmin pourpré.

2° *Aquilegia eximia*, (Fl. des serres, pl. 1188). (Renonculacées.) C'est une charmante nouveauté, voisine des *Aquilegia Skinneri* et *Canadensis*, mais qu'elle surpasse et par les dimensions et par la grâce du port; ses fleurs sont de couleur orange vif, longuement pédonculées, courbées, tout-à-fait renversées et imitant assez bien une couronne à dix pointes, surmontée de cinq fleurons.

3° *Tanacetum elegans*, (Fl. des serres, pl. 1191). (Composées). La Tanaisie élégante mérite un bon accueil, non parce qu'elle vient de fort loin (de la Californie) mais parce que ses tiges, hautes de 30 à 40 centimètres, légèrement anguleuses, velues et grisâtres, portent de grandes feuilles, auxquelles leurs profondes et fines découpures donnent une élégance peu commune; ses feuilles, doublement pennées, sont d'un blanc de neige avant leur entier développement. Les capitules naissent à l'extrémité des rameaux et forment une sorte de corymbe d'un beau jaune doré

4° *Farfugium grande*, (Gard. chro. jan. 1857). (Composées.) L'ensemble de cette plante est fort ornemental: « c'est une touffe d'une beauté incomparable, » dit Lindley; et si les feuilles sont vraiment persistantes en hiver, comme on le croit, ce sera un objet, pour les jardins, sans rival pendant cette triste saison. Les feuilles de cette plante, originaire des régions froides de la Chine, sont très grandes, arrondies, angulaires et cordiformes, elles ont parfois jusqu'à 65 centimètres de circonférence; leur couleur, d'un vert émeraude brillant, est copieusement maculée de taches d'un jaune clair.

5° *Clematis Guascoi,* Clematite de Guasco (Renonculacées). (Hort. prat., septembre 1857.)

C'est, dit-on, une hybride très remarquable, à fleurs d'un beau violet foncé velouté en dessus, plus pâle en dessous, aussi amples que celles de la *Clematis cœrulea,* solitaires sur des pédoncules uniflores. Cette variété, très florifère, a l'avantage de fleurir jusqu'aux gelées. M. Loisel pense que, cultivée en pot, elle continuerait à fleurir durant une grande partie de l'hiver.

6° *Cydonia Japonica, var. Mallardii.* Coignassier du Japon de Mallard (Rosacées). (Illust. Hort., pl. 135.)

Cette variété a été obtenue au Mans, par M. Mallard; ses fleurs, grandes et nombreuses, à fond d'un rose vif, sont élégamment bordées d'une large bande d'un blanc pur qui avance quelquefois en courtes facies sur les pétales; « l'opposition franche et heurtée du blanc marginal avec le rose du fond, fait, dit M. C. Lemaire, véritablement de ces fleurs une chose attrayante et ornementale.»

Serres tempérées et serres froides.

7° *Azalea Indica, var. Baron de Vriere* (Ericacées). (Illust. Hort., pl. 136.

Les fleurs de cette variété sont très grandes, le fond rose tendre passe au blanc presque pur, du milieu aux bords; une belle et large macule d'un rose vif ponctué de cramoisi orne le lobe supérieur; çà et là, mais très rarement, apparaît une strie cramoisi, comme on en observe sur les Azalées à fond blanc.

8° *Pelargonium comte de Morny.* (Hort. Prat., 1857, pl. 11.)

Cette variété, due aux nombreux semis de M. Mielley, est très vigoureuse et florifère. Les fleurs moyennes, souvent au nombre de huit, sont supportées par de fortes ombelles qui surmontent le feuillage. Les trois pétales inférieurs sont d'une couleur cerise éclatante teintée de cramoisi, les deux supérieurs sont cramoisi-marron velouté. La fleur est d'une forme parfaite, son centre est blanc.

Les autres Pelargoniums nouveaux et recommandables sont : *Madame Furtado*, *Madame Place*, *Madame Pescatore*, *Impératrice Eugénie*, *Madame Heine*, *Rubens Guillaume*, *Severeyeus*, *Perrugino*, *Léon Le Guay*, *Madame Lesueur*, *Hendersonii* et *Figaro.*

9° *Melastoma denticulatum.* (Melastomacées.) (B. M. pl. 4957.)

Cette espèce constitue un arbrisseau de taille moyenne, très branchu. Les corymbes terminaux sont composés de quatre à six fleurs, assez grandes, à pétales frangés presque blancs ou légèrement lavés de rose sur les bords. Cette plante se cultive comme les Ericas.

10° *Fuchsia Cornelissen*, (Cornelissen). (Hort. Prat., novembre 1857, pl. 22.)

Cette variété, fort distinguée, très florifère, mérite d'être recommandée; ses fleurs sont doubles, la corolle est grande, d'un bleu violacé foncé velouté; cette couleur est tellement riche, que le peintre le plus habile aurait de la peine à la reproduire sur le papier ou sur la toile.

11° *Salvia albo-cœrulea* (Liden). (Hort. prat., pl. 10, 1857.)

Cette jolie sauge, à fleur blanche et lèvre inférieure d'un beau bleu à reflets violacés et pourprés est originaire des régions froides de la Cordillière occidentale du Mexique. C'est une belle addition à un genre fort estimé pour la décoration des jardins ; elle forme, en plein air, pendant l'été, de grosses touffes ramifiées, portant de longs épis branchus chargés de fleurs qui se succèdent, pendant longtemps, au fur et à mesure que l'épi s'allonge. La tige atteint jusqu'à un mètre de hauteur et porte des épis de 30 à 50 centimètres.

12° *Berberis Jamesoni*. Epine-vinette de Jemeson (Berberisacée.) (Illust. Hort., 1859.)

Ce Berberis sera une plante véritablement ornementale pour nos jardins, où elle fleurira de mai à juin.

Elle forme un petit arbrisseau d'un port élégant et élancé, à branches un peu sarmenteuses, à rameaux feuillés surtout au sommet ; les fleurs sont grandes, globuleuses, très nombreuses, d'un jaune de chrôme, et sont disposées en panicules très ramifiées.

Peut-être, avec quelques précautions, cette plante pourra passer l'hiver à l'air libre ; elle réclame une terre légère et une exposition mi-ombrée.

Culture maraichère.

Plantes recommandées :

Chou-fleur dur Stadtholder, variété tardive à très grosse tête.

Asperge grosse verte de l'Ariège, verte dans toute sa longueur.

Melon pomme de Brahma, petit, rond, velu, de diverses couleurs, de goût très délicat. Dieu veuille que ce ne soit pas une seconde édition de Chito !

Fraise Prince Impérial (Graindorge). La hampe de cette variété est longue et se couche par le poids des fruits; ceux-ci sont nombreux, gros, arrondis, allongés, les premiers un peu aplatis, d'un rouge cocciné-foncé; la chair est rouge, très succulente et très parfumée.

Arboriculture.

Torreya grandis (Gard. Chron., pag. 788). (Conifères.)

Ce bel arbre a été découvert par M. Fortune, sur les montagnes Che-kiang, en Chine ; ses feuilles sont longues de deux centimètres, linéaires. terminées brusquement par une pointe courte ; les fruits sont ovales aigus, couverts d'une couche pulpeuse, molle, longs de près de trois centimètres. En Chine, cet arbre atteint jusqu'à 25 mètres de hauteur

Myrica Californica. (Hort. Soc. journ.), (Myricées.) Myrice de Californie.

C'est un arbuste toujours vert, à feuilles odorantes, nombreuses, étroites, lancéolées, légèrement dentées, dont les fleurs sont insignifiantes ; il est rustique et croît dans le sol de tous les jardins ; il peut être utilisé particulièrement dans les bosquets.

Arboriculture fruitière.

Dans notre dernier article, nous avons signalé un châtaignier pyramidal comme arbre essentiellement ornemental ; aujourd'hui nous annonçons que c'est une variété dont les fruits sont gros et de bonne qualité.

PLANTES ANNUELLES TRÈS RECOMMANDABLES.

Sabbatia campestris. Cette Gentianée à grandes fleurs roses fleurit en été. Les fleurs se succèdent longtemps et en grand nombre. Semer, à la surface, en terre limoneuse ou tourbeuse, maintenir la terre constamment humide et ombragée jusqu'à la germination.

Browallia elata cœrulea, et *Browallia alba.* Ces deux Scrophularinées fleurissent de juin en septembre. Elles aiment une terre légère et une exposition chaude. Il faut, pour bien réussir, semer en avril sur couche, et planter à demeure en mai.

Clarkia pulchella marginata. Magnifique nouveauté à fleurs rose carmin vif largement bordé de blanc. Il faut semer les *Clarkias* en place, en septembre ou en avril et mai ; elles fleurissent de juin à septembre.

Capucine naine de Carter Tom Pouce, charmante nouveauté très basse, propre à entourer les massifs.

C.-F. WILLERMOZ.

Juin.

Les travaux du mois de juin exigent, de la part du jardinier, encore plus de soins, plus d'activité et plus de surveillance que ceux du mois précédent. Les arrosements doivent se succéder depuis le lever de l'aurore jusqu'à la chute du jour, et, pendant seize heures, instruments et ouvriers sont en mouvement.

Ici, c'est une plante qui réclame un abri contre les ardents rayons du soleil; là, c'est un jeune semis qui a besoin d'un peu d'eau; ailleurs, c'est un planton qui se trouve trop à l'étroit et qui demande une place plus large; plus loin, c'est la terre desséchée qui se fendille; d'un autre côté, ce sont les arbres fruitiers qui, sous l'influence d'une chaleur tropicale, semblent paralysés, laissent retomber leur feuillage. Que de labours, de sarclages, d'arrosages, de bassinages et de paillis exigent toutes ces plantes et tous ces arbres! Que de vigilance de la part du jardinier!

Cultures potagères naturelles.

Semis.

On continue à semer les pois ridés et autres, mais les plus hâtifs, — les haricots hâtifs nains et à rames, — les laitues pommées et romaines, — les chicorées *fine d'été*, *de Meaux*, *scarolle*, *et amère*, — les carottes hâtives, —

l'épinard, — les raves, — les radis, — le *céleri à couper*, et tous autres petits légumes, tels que : cerfeuil, cresson alénois frisé, arroche, persil, roquette, etc., afin d'obtenir des récoltes non interrompues jusqu'à la fin de l'été et même pendant l'automne. On sème, pour consommer en automne et en hiver, les choux de *Vaugirard, Joannet* et de *Bruxelles amélioré*, les choux-raves, choux-navets, choux rutabagas, — choux-fleurs *demi-dur* et *Lenormand*, — la poirée ou Bette à carde frisée, — le scolyme d'Espagne, — et les navets hâtifs.

Il faut, dans ce mois, enlever les stolons des fraisiers qu'on ne veut pas multiplier, on ne conserve que ceux qui peuvent servir à regarnir les places vides ; on aura soin de n'employer que le premier nœud, vulgairement nommé *premier-né*. On lie les chicorées et les scaroles pour les faire blanchir On bute quelques pieds de céleri. On lie quelques pieds de cardon pour en avoir de bonne heure.

Lorsqu'on veut assurer aux jeunes plantations d'artichauts une longue durée, il faut, après la récolte de la tête principale, qui a lieu vers la fin de juin, retrancher la tige au niveau du sol, et continuer à leur donner les mêmes soins et les mêmes arrosages qu'aux plantes plus vieilles ; de cette manière le plant prend une grande force et la récolte est assurée pour l'année suivante.

Les premiers jours de juin, on noue les tiges de l'ail, pour faire grossir la tête qu'on récolte vers la fin du mois.

On pince les tomates au-dessus des fruits noués en suffisante quantité. Il faut bassiner les melons et les pincer au besoin ; arroser copieusement les fraisiers ; éclaircir les oignons et les poireaux.

Les laitues de toutes sortes ont une grande tendance, dans le mois de juin, à monter en tige ; on ne peut les en empêcher qu'en leur donnant beaucoup d'eau accompagnée de matières fertilisantes, comme purin, jus de fumier et gadoue.

Pour obtenir de bonnes graines de chaque espèce de ces laitues, on choisit les plus belles têtes ; on coupe les tiges avant complète maturité; on les laisse sécher pendant quelques jours à l'air, et non au soleil ; on les enveloppe dans des feuilles de papier, pour, ensuite, les suspendre dans un milieu bien aéré.

La récolte des pois est l'une des plus intéressantes de cette époque ; mais, faute de précaution, elle peut être compromise. Cette précaution consiste, lorsqu'on fait la récolte des cosses, à ne pas déraciner la plante et à respecter autant que possible les fleurs voisines : si on n'y prend garde, souvent les fleurs froissées avortent, et la plante fortement ébranlée se dessèche ou devient stérile. On termine, vers la fin du mois, la récolte des asperges ; et on pince les sommités fleuries des navets, choux, choux-raves et choux-fleurs, cultivés comme porte-graines.

Plantations.

On continue à mettre en place les laitues, choux, choux-fleurs et brocolis, semés les mois précédents ; ainsi que les courges, concombres et autres cucurbitacées élevées sur couche ou en vase. On repique et on plante le céleri, les poireaux, les tomates, les aubergines, et en général toutes les plantes annuelles ou vivaces assez fortes.

Jardins d'agrément.

Semis.

On peut semer encore des graines de quelques plantes annuelles, telles que : *Balsamine camellia*, *Belle-de-jour violette*, *Brachycome iberidifolia*, *Capucine panachée*, *Clarkia pulchella*, *Colinsia bicolor*, *Coreopsis pourpre et élégant*, *Erysimum Petrowskianum*, *Eutoca viscida*, *Julienne de Mahon*, *Lin à grande fleur rouge*, *Lupin rose, changeant, pubescent et de Guatimala*, *Nemophila insignis*, *Phlox de Drummond*, *Pourpier à grande fleur*, *Reine-marguerite* et *Centhranthus macrosiphon*.

On peut semer également, dans le courant du mois, les graines de plusieurs plantes vivaces, telles que, par exemple, celles d'*Aconit*, d'*Ancolie des jardins*, d'*Alstrœmere du Chili*, d'*Asclepias tuberosa*, de *Campanulle pyramidale* et à *feuille en cœur*, de *Fraxinelle rouge et blanche*, de *Gaillarde vivace*, de *Gentiana acaulis*, des *Giroflées cocardeau*, *empereur*, *perpétuelle* et *jaune*, d'*Humea elegans*, de *Lobelia cardinalis*, de *Lupins vivaces*, de *Maurandia Barclyana*, de *Morina longifolia*, de *Myosotis alpestris*, d'*Oreille d'ours*, de *Primevères variées*, de *Pavots vivaces*, de *Pieds-d'alouette vivaces*, de *Roses trémières*, de *Salvia patens*, de *Statice pseudo-armeria*, etc.

On met en place les Canna, les Dalhia, et généralement toutes les plantes vivaces semées et élevées en pots; l'Erithryne, qui a passé l'hiver en orangerie, est également mise en place, en pleine terre. On continue à repiquer toutes les plantes annuelles qui peuvent supporter la plantation : ce sont en général les Zinnia, les Balzamines, les Reines-marguerites, les Lavaters, le Pourpier à grande fleur, etc., etc.

Le jardinier, habile et intelligent, surveillera les gazons et les massifs, qui réclament des arrosages, des binages, des sarclages ; il aura soin de remplacer les plantes qui auront fleuri par d'autres en fleur ou prêtes à fleurir ; il n'oubliera pas de donner des tuteurs à celles qui en auront besoin, et de les attacher pour les garantir des grands vents qui règnent habituellement à l'approche du solstice d'été, c'est-à-dire vers le 21 juin.

On arrache les jacinthes, les tulipes et les autres plantes bulbeuses ou à griffes, dont la fane est jaunie.

Nous recommandons, d'une manière spéciale, la chasse aux insectes, sur laquelle déjà nous avons appelé l'attention des amis de l'horticulture. Qu'on veuille bien songer qu'une feuille roulée, qu'un rameau flétri, qu'une plante fanée, qu'un fruit piqué, sont autant de signes de présence d'œufs, de larves et d'insectes, et qu'il importe de couper, de retrancher et de déplanter, et qu'en agissant ainsi, on détruira les pontes et les éclosions à venir.

Couches, Orangerie et Serres.

Sauf le cas où quelques graines exotiques seraient encore à semer, les couches deviennent à peu près inutiles pendant le mois de juin. L'orangerie et la serre froide sont vides, ou à peu près. Toutefois, une partie des plantes de serre tempérée, qui se trouvent en fleur dans cette saison, peuvent occuper avantageusement une étagère dans l'orangerie ; leur fleuraison, qui n'aura rien à craindre des pluies, des vents et des orages, s'y prolongera longtemps, et on en jouira plus à l'aise qu'en plein air.

On débarrasse, dans le commencement de ce mois, comme pendant le mois précédent, les orangers de toutes leurs feuilles mortes; on pince les branches qu'on veut faire ramifier, et on supprime, à l'intérieur, toutes celles qui ne peuvent rien produire et qui nuisent à la circulation de l'air. L'oranger exige des arrosements copieux pendant sa fleuraison, si on les néglige, les boutons tombent.

Le Camellia, qu'on sort de l'orangerie au commencement de juin, doit être placé en plein air, mais à mi-ombre; s'il a besoin d'un rempotage, c'est le moment de l'exécuter en toute sécurité. On place à la même exposition les Rhododendrum et les Azalées de serre, et on leur donne les mêmes soins.

On bouture, pendant ce mois, sous châssis froid, les Epacris, les Fuchsia, les Pelargonium, les Camellia, et la majeure partie des plantes des serres froide et tempérée.

Arbres fruitiers et Pépinières.

On pince, on palisse et on ébourgeonne la vigne; une fois le raisin assuré, il faut supprimer toutes les pousses stériles et inutiles. On visite tous les jours les arbres fruitiers, car tous les jours il faut pincer, palisser, nettoyer les branches qui souffrent, chasser les insectes, décharger de leurs fruits les branches trop fertiles; il faut, en un mot, répartir la sève partout et maintenir partout le plus parfait équilibre. Les arbres fruitiers faibles et languissants seront visités souvent et traités avec soin, car l'opération la plus simple peut les rétablir: une incision longitudinale opérée prudemment sur le tronc ou sur une branche, un paillis, un bouillon, une friction, ressuscitent parfois l'arbre dont on désespérait. On continuera d'ailleurs à donner aux arbres tous les soins qui sont indiqués précédemment.

FLORICULTURE DE PLEINE TERRE.

Plantes à introduire ou à multiplier.

1° *Amygdalus* (*Persica*) *rosœflora*, Pêcher de la Chine à fleur de rosier (*Illustration hort.*, *avril* 1859).

On doit l'introduction de cette charmante nouveauté à l'infatigable M. Fortune. Elle rivalise de grâce et de fraîcheur avec sa congénère *camelliœflora*, dont nous avons parlé dans un précédent article. Ses fleurs sont grandes, semi-doubles, d'un rose vif avant l'épanouissement et d'un rose tendre ensuite.

2° *Callicarpa purpurea*, Callicarpe à fruits pourpres (*Illustration hort.*, *avril* 1859).

Ce petit arbrisseau, qui fleurit vers les mois de mai et de juin, produit, à l'aisselle de ses feuilles, qui sont opposées, de petits corymbes de fleurs roses, donnant naissance à autant de corymbes de petits fruits globuleux qui passent progressivement du rose pâle au rose vif, du rose vif au lilas, et du lilas au violet intense. Cette plante se multiplie de boutures opérées de mai en juin ; elle se plaît dans un sol riche, léger et drainé.

3° *Myrica Californica*, Mirica de Californie, (*hort. soc. Journal*).

C'est un arbuste toujours vert, à feuilles nombreuses, étroites, lancéolées, légèrement dentées et odorantes ; il est rustique, se plaît dans tous les sols des jardins, et se propage de graines ou de marcottes. C'est une bonne plante pour les massifs et les rochers artificiels.

4° *Saxifraga purpurescens*, Saxifrage pourprée de l'Himalaya (*Botanic Maga*, *pl.* 5066).

Cette plante vivace est rustique; ses feuilles, coriaces, sont portées sur des pétioles courts, épais et rouges ; la hampe florale, très forte, est haute de 20 à 25 centimètres, rouge-foncé, couverte, ainsi que l'inflorescence, d'une pubescence courte et glanduleuse. Cette plante sera une excellente acquisition pour les terrains rocheux, et pour garnir les parties inférieures des rocailles.

5° *Cissus variegatus*, Vigne-vierge panachée. Cet arbrisseau grimpant, que nous avons reçu sans nom, n'est pas la vigne-vierge à cinq feuilles qui couvre les murs et qui produit un si bel effet, surtout en automne. Ce n'est pas non plus le *Cissus heterophyllus*, car toutes les feuilles se ressemblent; toutefois, c'est une plante charmante qui mérite d'être répandue. Ses feuilles, moyennes, à cinq lobes, sont d'un vert tendre, tachées de blanc, de jaune pâle et de violet pourpre. Elle mûrit parfaitement ses fruits. Les graines, semées après la récolte, germent avec facilité et produisent des sujets panachés comme leur mère. Il existe sous le nom de *Roylii*, un Cissus que nous ne connaissons pas et qui est peut-être notre *variegatus*.

6° *Acer japonicum foliis atropurpureus*, Erable du Japon à feuilles pourpre-noirâtre. Voici une variété curieuse d'Erable qui est appelée à produire un bel effet dans les parcs et les grands jardins. On pense qu'elle supportera parfaitement les rigueurs de l'hiver, même dans le Nord. Un sol frais et ombragé lui conviendra mieux qu'une terre sèche et une exposition trop éclairée.

7° *Dicentra*, ou Diclytra, ou encore Dielytra *cucullaris*, (A. Werschaffelt).

La Dicentra *spectabilis* est, sans contredit, une des plus belles plantes vivaces de pleine terre. Sa congénère *cucullaris* est, dit-on, une plante admirable, mais nous doutons que ses fleurs, d'un blanc de neige satiné, à pointes jaunes, puissent produire le même effet que celles de la *spectabilis*. C'est une précieuse acquisition, que nous espérons bientôt voir fleurir dans nos jardins.

8° *Salvia candelabrum*, Sauge en candelabre (Boissier).

Aucune espèce de Salvia, des 400 décrites par Bentham, n'est plus belle que celle-ci, qui a été découverte et introduite par M. Ed. Boissier, botaniste fort distingué de Genève. Elle croit dans le midi de l'Espagne, dans les régions montueuses, à une élévation supra-marine de 1,000 mètres environ. Ses fleurs sont marbrées de bleu-pourpre et de blanc. Elle exhale une odeur aromatique très puissante. Dans les jardins elle sera un sous-arbrisseau rustique, fleurissant en juillet.

Serre tempérée et Serre froide.

9° *Rhododendrum jasminiflorum*, Rhododendrum à fleurs de jasmin (*Illustration, avril* 1859).

Cette intéressante espèce de rosage est originaire de la presqu'île de Malacca, où elle a été découverte à une altitude supra-marine de près de 1,700 mèt. Ses fleurs, réunies au nombre de huit à douze en ombelles terminales, sont remarquables par leur long tube, leur limbe régulier blanc, et leur suave arôme. Le *Rhododendrum jasminiflorum* peut se contenter des soins ordinaires que l'on donne aux arbrisseaux de bonne serre tempérée. On le placera dans une terre légère (terre de bruyère) qu'on tiendra un peu humide, au moyen de bassinages abondants administrés, pendant la belle saison, sur et sous le feuillage.

Multiplication par la marcotte ou la greffe sur des espèces analogues.

10° *Datura metalloïdes*, et *Datura flava flore pleno.*

Voici deux magnifiques nouveautés. La première forme une très forte touffe de 1 mètre 20 cent. de hauteur, produisant, de juillet en novembre, de très grandes fleurs odorantes, en forme d'entonnoir, blanches, bordées de bleu-lilacé, longues de 20 centimètres, larges de 12 à 15 centimètres, qui s'ouvrent le soir et le matin. Les racines, charnues, se conservent l'hiver comme celles du Dahlia. La seconde, originaire du Texas, est également vivace, et réclame, comme sa congénère, une place dans la serre ou l'orangerie pour passer l'hiver. Elle forme, en pleine terre, une touffe de 1 mètre 50 cent. à 1 mètre 70 cent., qui produit une centaine de fleurs d'un jaune foncé, doubles, odorantes ; ces fleurs ont 20 à 25 centimètres de longueur, leur largeur est de 15 à 20 centimètres.

Rosiers nouveaux :

Isabelle Grey. C'est un thé, dont on dit beaucoup de bien ; ses fleurs sont grandes, doubles et d'un beau jaune d'or.

Marie Thierry. Cette nouveauté est due au semeur M. Oger, qui la place dans les Hybrides remontantes. La fleur, d'une forme parfaite, est en coupe évasée à rosette au centre, sa couleur carmin vif passe au rose foncé violacé.

Victor Trouillard (hybride remontante). M. A. Werschaffelt a publié un dessin de cette belle nouveauté dans son *Illustration horticole*. Si la description et le dessin sont exacts, ce doit être une des plus belles roses obtenues jusqu'à ce jour; sa fleur, énorme, est le double en grandeur de celle du géant des batailles, dont elle est issue.

Culture maraichère.

Chou quintal nouveau de Grèce. On annonce cette variété comme étant remarquablement grosse et bonne : nous la jugerons l'automne prochain ; et nous faisons, en attendant, des vœux pour qu'elle ne soit pas une seconde édition du *Chou colossal*.

Chou de Milan non plus ultra. Voici encore une de ces variétés gigantesques, que nous ne recommanderons qu'après mûre expérience. Elle est très vantée sous le point de vue du volume, de la qualité et de la précocité.

Culture fruitière.

On signale quelques nouveautés en Cerises, en Prunes, en Pêches, en Brugnons et en Abricots. Mais ces nouveautés viennent de fort loin, laissons-les donc se rapprocher de nous avant de les décrire ; et comme jusqu'à présent elles ne sont recommandées que par leurs introducteurs, attendons qu'elles aient été jugées par des Commissions spéciales, suivant leurs rapports, nous les recommanderons ensuite.

A propos de cerises, il existe encore une variété très

peu répandue dans le Lyonnais, et qui, par sa beauté et sa précocité, mériterait de l'être bien davantage : c'est un bigareau rouge foncé, dont le pédicelle n'a que 37 millimètres de longueur ; le fruit, cordiforme, est aussi haut que large, son plus grand diamètre est de 30 millimètres. Les rameaux à fruits sont gros, courts. Les feuilles, fort grandes, pendantes, sont d'un vert très intense. Cette année, les fruits ont commencé à varier vers le 5 mai, et le 12, ils étaient arrivés, en majeure partie, à leur complète maturité. Quel est le nom véritable de cette variété ? nous l'ignorons. Nos pépiniéristes feront bien de la multiplier, car, nous le répétons, c'est un beau fruit hâtif.

Dans le prochain numéro nous parlerons de deux poires et d'une pomme.

L'une de ces poires provient d'un semis dû au hasard ; l'autre, au contraire, provient d'un semis fait avec soin, en 1852. La pomme, en question, appartient également à un semis de la même année.

La première des poires nous a été adressée au mois de décembre dernier, comme un très bon fruit, mûrissant en juin, juillet et août. Son état actuel nous fait croire qu'elle peut en effet se conserver encore longtemps, car elle est aussi fraîche et aussi saine que le jour où elle a été récoltée.

La seconde, qui a la forme, la grosseur et la couleur d'un beau passe-Colmar, ne cède rien à la première en fraîcheur et en beauté.

La pomme rappelle, par sa forme, sa couleur et sa grosseur, notre ancienne Reinette franche. Dieu veuille qu'elle en possède les bonnes qualités !

C.-F. Willermoz.

Juillet.

Les travaux horticoles du mois de juillet ne le cèdent en rien à ceux du mois de juin ; pour le jardinier ce sont les mêmes fatigues, les mêmes soins, et il dépense la même somme de zèle, d'activité et d'intelligence.

Cultures potagères.

Semis.

On sème au commencement du mois les carottes hâtives, l'oignon blanc destiné à être consommé en petites bulbes, la scorsonère, le poireau qu'on repique vers le commencement d'août pour la provision d'hiver, les pois *Clamart*, *Croux*, et même les variétés hâtives, les haricots nains hâtifs, de *Hollande*, *Flageolet* et *Bagnolet*, et le céleri à couper. Pendant le mois on renouvelle les semis de cerfeuil, de cresson *alénois*, d'épinard, de radis, et d'autres petites fournitures que les chaleurs obligent de répéter souvent. On continue à semer les chicorées *Frisées de Meaux*, *mousse*, *fine de Rouen*, *scarole*, *sauvage* et ses variétés ; les laitues pommées d'été et d'automne, les vivaces, celles à couper, les romaines d'été et d'automne.

Vers la fin du mois on sème le choux *quintal*, l'*York* et ses variétés, le *Saint-Denis*, le *Hollande tardif*, les verts non pommés, les choux-raves blanc et violet hâtifs, et les *Rutabagas* (ces dernières sortes restent en terre jusqu'en décembre sans subir aucune altération) ; on sème également la poirée à cardes, les raves, les navets, et le persil *frisé*.

On continue la récolte de l'ail, de l'échalotte, des pommes de terre hâtives, des pois, des haricots verts et à cosses, et, généralement, de toutes les graines qui approchent de leur maturité.

On noue les tiges d'oignons à conserver pendant l'hiver ; on lie les chicorées et les scaroles pour les faire blanchir; on pince les pousses superflues des tomates dont le fruit commence à mûrir ; on continue à lier, pailler et butter quelques cardons.

Les melons seront arrosés avec modération, les courges au contraire le seront copieusement, ainsi que le céleri-rave et les laitues.

Plantations.

Vers la fin du mois on utilise les premiers-nés des coulants de fraisier, soit pour rajeunir les vieilles fraisières, soit pour en faire de nouvelles en planches ou en bordures. L'expérience nous a appris que les variétés de fraises à gros fruits se plaisent dans les sols argilo-silico-calcaires ; le plant placé dans cette sorte de terre acquiert un développement prodigieux et produit très abondamment de magnifiques fruits. Sauf les courges et les concombres, toutes les plantes indiquées le mois précédent se repiquent également pendant celui-ci.

Dès le commencement du mois, la récolte des asperges doit être suspendue; on aura soin de ne pas couper les tiges qu'on aura laissé monter, ainsi que celles qui monteront une fois la récolte terminée.

Jardins d'agrément.

Semis.

On sème, en pleine terre ou en vase, les graines de la plupart des plantes bisannuelles et vivaces, qu'on repiquera à l'automne, et qui fleuriront l'année suivante.

Aux espèces que nous avons indiquées le mois dernier on joindra celles-ci : *Æthionema coridifolium*, *Alysse corbeille d'or*, *Digitale pourpre*, *Lin vivace*, *Lychnis croix de Jérusalem*, *Muflier*, *Pavot de Tournefort*, *Phlox vivace*, *Pois vivace*, *Polémoine bleue*, *Potentille à grandes fleurs et couleur de sang*, *Sainfoin d'Espagne*, *Silène Schafta*, *Silène d'orient*, *Silène nutans*, *Thlaspi semper virens*, *Primevères à grandes fleurs et Primevères élevées ;* toutes ces graines peuvent être semées en pépinière, en pleine terre. Les espèces suivantes, plus délicates, demandent à être semées en vases pour être hivernées convenablement; *calcéolaire crénelée*, C. en corymbe, C. *laineuse* et leurs nombreuses variétés désignées aujourd'hui sous le nom de *Calcéolaires hybrides*, *Cinéraire pourpre*, *Cyclamen d'Europe*, *Eccremocarpus scaber*, *Gaillarde peinte*, *Incarvillea sinensis*, *Lobelia queen Victoria*, *Pentstemon gentianoïdes* et ses variétés, *Primevère de la Chine*, *Statice pseudo-armeria*, *Stenactis speciosa*.

Quelques plantes annuelles qui poussent promptement peuvent encore être semées pendant ce mois, elles donneront leurs fleurs avant les gelées, et produiront même de bonnes graines ; telles sont les *Clarkies*, les *Eschscholtzies*, les *Némophiles*, la *Belle-de-jour*, les *Cacalies orange* et *écarlate*, la *Julienne de Mahon*, le *Phlox de Drumond*, le *Thlaspi à ombelles* et sa belle variété à grandes fleurs pourpre-violet.

Les rosiéristes, en ce moment, greffent à *œil poussant.* Cette opération consiste à placer un écusson à la base des jeunes rameaux de l'églantier qu'on a soin de conserver intacts, c'est-à-dire de toute leur longueur ; si on les coupe, l'écusson se soude, il est vrai, mais l'œil ne se développe qu'au printemps, alors l'opération devient une *greffe à œil dormant*, greffe qu'il est préférable de pratiquer le mois suivant.

On peut greffer, vers la fin du mois, les pivoines en arbre sur les racines des pivoines herbacées.

On repique en pépinière, par un temps couvert et humide, les jeunes semis de rosiers, et on donne aux plantes repiquées en vase le mois précédent, des vases plus grands s'il est nécessaire.

On peut aussi rempoter une très grande quantité de plantes de serre froide et de serre tempérée, particulièrement celles du Cap et de la Nouvelle-Hollande.

On marcotte l'œillet qui a passé fleur, et on bouture le chrysantème de l'Inde.

Les plantations de plantes annuelles défleuries doivent être renouvelées, comme aussi celles des plantes vivaces élevées et plantées en vase, en massif, ou en plate-bande. Lorsqu'on enterre les vases dans la plate bande, il faut avoir soin qu'ils ne parraissent pas hors de terre ; par ce moyen la plante semble croître en pleine terre, elle réclame moins d'arrosage, et les racines ne pénètrent pas par le trou inférieur pour aller parfois pivoter très profondément, ce qui expose la plante à souffrir lorsqu'on la relève de pleine terre.

On arrosera souvent les *Lantana*, les *Fuchsia*, les *Pe-*

tunia, les *Pelargonium zonales* et les *Hortensia;* ces derniers, plantés en massif, réclament la terre de bruyère et les lieux un peu ombrés. En un mot, le jardinier doué de goût et d'intelligence utilisera, pour les massifs et pour les bordures, une multitude de plantes charmantes dont les effets sont si beaux et de si longue durée, comme le *Lobelia erinus*, la *Cuphea platicentra*, les *Nierembergia gracilis*, *calycina* et *filicaulis*, et tant d'autres aussi belles et aussi intéressantes.

Orangeries et Serres.

Les orangeries, les serres froides et tempérées sont entièrement vides au mois de juillet; toutefois on réserve des places convenables pour recevoir les boutures qu'on tient sous cloches ombrées.

Arbres fruitiers et Pépinières.

On continue aux arbres fruitiers tous les soins indiqués au mois précédent. On découvre légèrement les fruits en palissant les arbres d'espaliers, ce travail est nécessaire pour faire prendre aux fruits leur belle teinte et leur faire acquérir tout leur parfum. On casse, sans les détacher, les rameaux aoûtés des poiriers et des pommiers qui se sont développés après le pincement, et on les enlève complètement après qu'ils se sont desséchés; par cette méthode, les yeux de la base des rameaux pincés grossissent et deviennent bientôt boutons à fruits.

On continue à donner à la vigne les soins dont nous avons parlé le mois précédent; on en ajoute un autre très important pour obtenir de beaux fruits: l'égrenage, qui se pratique avec des ciseaux pour éclaircir la grappe, ce qui la rend moins serrée et fait acquérir aux grains qui restent un développement considérable. Le raisin ainsi préparé mûrit mieux, prend une belle couleur et se conserve plus longtemps, il est aussi d'une meilleur vente.

Vers la fin du mois on commence à greffer à œil dormant quelques arbres fruitiers, particulièrement ceux qui s'aoûtent de bonne heure ; si la sève était encore trop active, on renverrait l'opération jusqu'à l'époque où elle commencera à se ralentir.

Si la saison a été chaude et humide, l'herbe doit abonder dans les pépinières, l'important est de les approprier fréquemment : 1° pour maintenir la propreté et la fertilité du sol ; 2° pour prévenir l'égrenage des plantes qui perdent leurs graines aussitôt après la maturité. En profitant d'un temps humide pour arracher quelques espèces de plantes vivaces qui sont prêtes à fleurir, on les détruit complètement ; si on se contente de les couper rez du sol, elles repoussent plus abondamment et fleurissent ensuite : le chardon, le silène à calice enflé, le petit liseron, la scabieuse colombaire, etc., sont dans ce cas.

Floriculture de pleine terre.

Plantes recommandées, plantes rares ou nouvelles.

1° *Berberis Jamesonii.* (Jardin fleuriste, tome II, planche 111).

Cette plante sera véritablement ornementale pour nos jardins, où elle fleurira de mai en juin ; elle réclame une terre légère. Sa multiplication par bouture, ou mieux par greffe sur l'espèce commune, est, dit-on, très facile.

Ses longues grappes pendantes portent de nombreuses fleurs jaune orange.

2° *Sanseviera cylindrica.* (Illust. Hort., mars 1859).

Cette asparaginée est une plante véritablement aussi belle par ses fleurs élégantes que par son port insolite. Elle végète rapidement et presque sans soin ; elle est acaule, d'un rhizôme compacte et stolonifère. C'est une belle plante trop négligée dans nos jardins où elle est digne de figurer ; en l'absence de ses fleurs, son port singulier ferait bon effet.

3° *Dianthus albo nigricans flo. plen.*, Ch. L.

Cette variété, qui semble tenir du *D. caryophyllus* et du *D. plumarius*, est déjà très ancienne, mais encore rare dans les cultures Lyonnaises. Elle se distingue par l'ampleur extraordinaire de ses fleurs extrêmement pleines, à pétales maculés de noir-pourpre et largement bordés de blanc. Elle est tout-à-fait rustique et sera pour les parterres un charmant ornement.

4° *Alstrœmeria-argento vittata.* (Illust. Hort., tom. VI, pl. 192).

La magnifique panachure des feuilles de cette intéressante espèce, jointe à la beauté et au riche coloris écarlate-cocciné des fleurs, forme un ensemble véritablement ornemental. Cette plante, comme ses congénères, ne demande qu'une légère couverture pour la mettre à l'abri des alternatives si terribles du gel et du dégel. Elle aime une bonne terre, un peu compacte et riche en humus ; des arrosements abondants pendant la végétation, et aucun après la fanaison de ses tiges.

5° *Gynerium argentum.* (Herbe des Pampas).

Cette graminée est, sans contredit, la plus belle et la

plus noble de tout le genre. Nous sommes étonnés de la voir si rarement dans les jardins de nos amateurs, qui devraient s'empresser, au contraire, de la demander à nos horticulteurs. Ils la placeront isolément dans un sol frais, mais riche, où elle produira un effet vraiment ornemental. Cette plante se multiplie facilement, au printemps, par la séparation de ses drageons et par ses graines fertiles, qui germent et donnent des sujets fort remarquables.

6° *Pentstemon Jaffrayanus*. (Scrophulariacées.) (Bot. Mag., pl. 5045).

Cette espèce, originaire de la Californie, offre dans le coloris de sa fleur un mélange inusité : c'est à la fois du bleu et du rouge, comme on voit des exemples chez les *Bugloses* et les *Symphitum*. La corolle est d'un rouge coccinė à la base, puis d'un bleu vif et clair sur le tube et au limbe ; celui-là est d'un rose vif à la gorge, où se montrent les anthères d'un rouge brun.

Serre tempérée et Serre froide.

7° *Leschenaultia biloba*, var. *Huntsii*. (Illust. hort., pl. 189.

Rien de plus gracieux, de plus élégant, pour une serre froide, que ce petit arbuste quand il est couvert de ses grandes fleurs du bleu d'outre-mer le plus charmant, et tellement nombreuses, qu'il semble un gros bouquet artistement confectionné. Il fleurit, chaque année, en avril et mai. On le plantera dans une terre légère, un peu sablonneuse, parfaitement drainée; et on le multipliera en juin ou juillet, en bouturant, sous cloche, les jeunes ramules, à l'ombre dans une serre tempérée ; en été, on le placera, à l'air libre, dans une situation bien aérée et un peu ombragée.

8° *Colletia cruciata*. (Rhamnées). (Bot. Mag., pl. 5033).

Cette curieuse espèce, dont les fleurs sont petites, mais nombreuses et d'un blanc de crème, réclame l'abri de la serre froide. Elle atteint 1 mètre de hauteur et plus, se ramifie amplement, et se couvre de larges épines triangulaires.

9° *Gaultheria discolor*. (Ericacées). (Bot. Mag, pl. 5034).

Les fleurs de cette élégante miniature, sont petites, fort jolies, en grelots, blanches bordées de rose et réunies, au nombre de six à dix, en petites grappes axillaires, plus courtes que les feuilles. Cette espèce réclame la terre de bruyère et la serre froide.

10° *Hydrangea cyanea*. (Bot. Mag., pl. 5038).

Les ramifications du corymbe de cette belle et très intéressante plante sont rouges ; les fleurs abortives, d'un blanc de crème strié de cramoisi, ont 4 centimètres de diamètre ; les fleurs fertiles sont très petites, glabres, à pétales et étamines bleues. Culture en terre de bruyère. et serre froide.

Rosiers nouveaux.

Rose *Montebello*, variété obtenue à Paris, et baptisée par S. M. l'Impératrice Eugénie.

Rose *Magenta*, variété obtenue par M. Guillot père, rosiériste à Lyon (Guillotière).

Nous aimons à croire que ces nouveautés sont égales et supérieures même à leurs devancières ; s'il en est ainsi, nous félicitons sincèrement les semeurs de leur découverte, dont les noms seront un souvenir de deux victoires qui illustrent notre armée et notre patrie.

Légumes et Fruits.

L'expérience nous manque pour nous prononcer sur le mérite de certains légumes et fruits nouveaux; nous attendrons, pour les recommander, qu'ils aient fait leur preuve.

Plantes aquatiques indigènes

Dignes de figurer dans les bassins et les aquarium à l'air libre.

Qu'un bassin soit circulaire, ovale ou irrégulièrement construit; que ses bords soient garnis simplement de gazon ou de dalles, ou bien encore de pierres disposées de manière à imiter des blocs de rochers ; qu'il soit situé au milieu d'une pelouse ou au bord d'une allée, le bon goût veut qu'on le décore avec des plantes aquatiques. Celles-ci, bien disposées et bien groupées dans les ondulations et les anfractuosités artificielles que présentent les bords, donnent à la pièce d'eau un aspect agréable.

Les environs de Lyon sont riches en ces sortes de plantes ; les bords de la Saône, Pierre-Bénite, Dessines, Vaux, les vallons d'Écully, de St-Didier, de Dardilly et de Tassin fournissent abondamment de quoi décorer les bassins et les plus grands lacs des jardins et des parcs.

On trouve dans ces diverses localités :

1° *Alisma plantago*. Fluteau, Plantain d'eau.

Cette plante fleurit en juillet. Elle est abondante dans les fossés aquatiques. Ses feuilles sont droites, longues et larges ; les fleurs, en ombelles partielles, sont nombreuses, blanches ou rosées.

2° *Butomus umbellatus*. Butome en ombelle, Jonc fleuri.

Plante s'élevant parfois jusqu'à 1 mètre 30 centimètres de hauteur. Les fleurs en ombelle, au nombre de vingt à trente, assez grandes, sont tantôt d'un rose tendre, tantôt blanches, elles éclosent de juin en juillet. On trouve cette plante près de Neuville, et à la saulée de Pierre-Bénite.

3° *Caltha palustris*. Populage des marais, Souci d'eau.

Tige de 20 à 30 centimètres de hauteur ; feuilles cordiformes, grandes, d'un beau vert brillant ; fleurs parfois très grandes, d'un jaune foncé, qui éclosent en mai. Cette Plante est abondante à Gorge-de-Loup entre le couvent de la Trappe et le Marché, à Dessines, à Tassin et à Saint-Didier.

4° *Epilobium hirsutum*. Epilobe velu.

Tige de 1 mètre, ramifiée ; feuilles d'un vert foncé ; fleurs roses, grandes et nombreuses. Cette plante est abondante à Gorge-de-Loup et dans le ruisseau d'Écully. Elle fleurit de juin à septembre.

5° *Hottonia palustris*. Hottone aquatique.

Tiges submergées, fort longues, garnies de feuilles linéaires, luisantes, imitant celles du *Cantua picta;* pédoncule élevé au-dessus de l'eau de 20 à 40 centimètres, et portant trois à quatre verticilles de fleurs, tantôt blanches, tantôt roses, qui s'épanouissent d'avril en mai. Cette belle plante abonde dans les fossés pleins d'eau et dans les marais, à Vaux, à Dessines et à Pierre-Bénite.

6° *Hydrocharis morsus ranæ*. Hydrocharis morrène, Grenouillette.

Plante flottante; feuilles à peu près semblables à celles de la *nymphæa alba*, mais plus petites; fleurs blanches nombreuses. Cette plante fleurit de juillet en août; elle est abondante dans les fossés pleins d'eau, entre Vaux et Dessines, particulièrement sur la droite du chemin.

7° *Lysimachia vulgaris*. Lysimaque commune, Corneille.

Tige de 1 mètre; fleurs jaunes et abondantes, en panicules comme le phlox paniculé. Cette plante est commune à Tassin, à Pierre-Bénite, à Ecully et à Vaux. Elle fleurit de juillet en août.

8° *Lythrum salicaria*. Salicaire commune.

Tige de 1 mètre 20 centimètres, très ramifiée; fleurs purpurines, nombreuses, disposées en longs épis serrés. Cette plante qui, fleurit de juin en juillet, abonde à Pierre-Bénite, à Gorge-de-Loup, à Dardilly et à Écully.

9° *Menyanthes trifoliata*. Menyanthes trèfle d'eau.

Tige florale de 20 à 30 centimètres; fleurs en grappe tantôt allongée, tantôt resserrée; la corolle velue est blanche teintée de rose (on rencontre, mais rarement, des variétés à fleurs roses ou rouges); feuilles à trois folioles entières. Cette belle plante fleurit en mai. On la trouve à Gorge-de-Loup, au bas du chemin des Deux-Amants, à Dessines, à Tassin et à Pierre-Bénite.

10° *Myosotis perennis, M. Palustris*. Myosote vivace, Scorpione des Marais, Ne m'oubliez-pas.

Les tiges de cette plante atteignent parfois 80 centimètres de hauteur; les fleurs, qui se succèdent de mai en août, sont petites, nombreuses, bleues, blanches ou roses. Cette plante est très abondante dans les marais et les prés humides.

11° *Nymphœa alba.* Nénuphar blanc, Lys des étangs, Lunette d'eau.

Feuilles larges, rondes, grandes, surnageantes; les fleurs blanches, grandes, étalées, éclosent de mai en juin. On trouve cette belle plante près de Neuville, à Dessines, au Moulin-Bonard et à Pierre-Bénite,

12° *Nuphar lutea, Nymphœa lutea.* Nuphar jaune.

La souche de cette plante ressemble à celle de la *Nymphœa alba*, mais ses feuilles flottantes sont moins grandes, moins rondes et plus cordiformes; la fleur, d'un beau jaune, s'élève à 10 centimètres environ, au-dessus de la surface de l'eau. On la trouve fleurie en juin et en juillet à Vaux, à Pierre-Bénite et dans les marais.

13° *Phalaris arundinacea variegata.* Phalaris roseau panaché.

Cette variété ne se trouve pas à l'état spontané, mais elle est commune dans les jardins, où elle se fait remarquer par ses tiges qui s'élèvent parfois à 1 mètre au-dessus de l'eau, et qui portent des feuilles d'un vert tendre, rubannées de blanc jaunâtre ou de rose; elle fleurit en juin. L'espèce se trouve au-dessus du bois de la Tête-d'Or, le long du Rhône.

14° *Potamogeton natans.* Potamot nageant.

Les tiges de cette plante sont longues et rameuses, les feuilles oblongues, ovales, sont flottantes; les fleurs en épi sont petites, blanches rosées; elle fleurit en juin. On la trouve à Vaux, à Gorge-de-Loup et près de Neuville.

15° *Sagittaria sagittifolia.* Sagittaire en flèche.

La hampe droite, haute de 40 à 60 centimètres, est

garnie à sa base, en forme de fer de flèche, de feuilles qui sont lisses, nerveuses et portées par de longs pétioles; fleurs en panicule, verticillées, réunies trois à trois, à pétales grands, arrondis, blancs, à onglets pourpre-violet. Cette plante est abondante à Pierre-Bénite, à Dessines et dans les marais, où elle fleurit de juillet en août.

16° *Typha latifolia.* Massette à larges feuilles, grande Massette.

Cette plante s'élève à 2 mètres en une hampe cylindrique moelleuse, terminée par un épi noir-brun, duveteux, gros, long et cylindrique; les feuilles, très longues, sont lisses et en forme de glaive. On la trouve en fleur, en août, dans les îles du Rhône, à Vaux, à Dessines et à Pierre-Bénite.

17° *Villarsia nymphoïdes.* Villarsie faux Nénuphar, Meniyanthe Petite Nymphœa.

Les feuilles de cette belle plante sont très entières et un peu violettes en dessous; les fleurs, fimbriées, grandes, nombreuses, d'un beau jaune, s'élèvent au-dessus de la surface de l'eau. Cette plante fleurit en juin et juillet. Elle devient rare; on en trouve pourtant encore quelques spécimens à Pierre-Bénite, et dans les marais au-dessous du Moulin-à-Vent, de Saint-Fonds et de Fézin.

Bien que la *Pontederia cordata* ne soit pas une plante indigène, nous n'oublierons pas de la mentionner. Les feuilles de cette belle espèce sont cordiformes, épaisses, d'un très beau vert; les fleurs, qui s'épanouissent de juin en septembre, sont d'un beau bleu, et disposées en épi terminal plus ou moins serré. La multiplication est facile au printemps en séparant ses souches.

Nous pourrions citer encore beaucoup d'autres plantes

aquatiques spontanées mais nous pensons que celles que nous venons de signaler, sont suffisantes pour satisfaire l'amateur, fût-il même difficile. Il nous reste maintenant à indiquer, de ces plantes, celles qui doivent être placées sur le bord des eaux, ou qui doivent être submergées.

Plantes qui doivent être submergées :

Alisma, Butome, Hottonia, Hydrocharis, Menyanthes, Nymphœa, Nuphard, Potamogeton, Pontederia, Sagittaria, Typha et Villarsia.

Plantes qu'il faut seulement placer au bord des bassins :

Caltha, Epilobium, Lysimachia, Lythrum, Myosotis et Phalaris.

C.-F. WILLERMOZ.

Août.

Pauvre jardinier, tu viens de passer par de rudes épreuves ! Pour toi le mois de Juillet a été bien long, car jamais l'aurore ne t'a surpris au lit, et jamais le soleil ne t'a vu quitter le travail. Depuis longtemps il avait disparu à l'horizon, déjà le crépuscule était la nuit, que tu étais encore dans ton jardin, répandant partout la fraîcheur, la nourriture et la vie. Ta chemise et ton pantalon, uniques vêtements pendant ce mois, sont constamment restés imbibés de la sueur de ton corps ; mais, soutenu par l'amour du travail et de la famille ; mais, plein de zèle et d'ardeur pour ta noble profession, tu as bravé les rayons d'un soleil brûlant ; tu as supporté des fatigues inouïes et tu t'es durci à la peine. Courage, mon brave et honnête confrère ! courage, noble cœur ! Encore quelques jours de sueur et de peine, et tu vas obtenir la récompense due à tes pénibles labeurs ; déjà les pêches de tes espaliers se couvrent de pourpre ; tes raisins jaunissent et tes poires changent de couleur ; bientôt ta vigilante épouse, cette digne compagne de tes travaux, va, de sa main délicate, commencer la récolte et porter au marché ces coquettes corbeilles de fruits qu'elle a soin de placer à côté des légumes que tu as su faire produire à la terre.

Culture maraîchère.

Pendant ce mois, le jardinier a encore bien des arrosoirs à remplir et à répandre, car l'eau doit être donnée en abondance à une multitude de plantes. Les concombres et les citrouilles veulent de l'eau, matin et soir. Les melons réclament des arrosements modérés, mais de fréquents bassinages ; l'artichaut, dont on attend les têtes, a soif; sans eau, les épinards et les laitues montent, les choux-fleurs ne grossissent pas et le céleri reste petit. Les fraises de Quatre-Saisons préfèrent l'eau du réservoir à celle de la pluie; il faut en répandre sur les planches destinées à la récolte du fruit et beaucoup moins sur celles qu'on réserve pour la multiplication du plant.

Pour obtenir de beaux choux, de beaux choux-fleurs et de bons melons, on mélange à l'eau, une ou deux fois seulement pendant la période de végétation, du guano, de la colombine ou de l'engrais Trévoux. Un kilogramme de ces matières pour douze à quinze litres d'eau, auquel on ajoute dix à douze grammes de sulfate de fer, produit un effet merveilleux sur ces plantes. La poussière d'os, la gélatine, les débris fins de cornes sont aussi de puissants engrais qui activent singulièrement les plantes potagères.

On taille les tiges de courges et de melons au-dessus des fruits, mais de manière à laisser au-dessus de chaque fruit une ou deux feuilles. Si les tiges des courges sont longues et que le fruit se trouve éloigné de la naissance de la tige, il ne faut pas oublier de butter celle-ci dans son milieu et toujours à la naissance d'une feuille, surtout si le fruit est éloigné de sa grosseur normale ou de son époque de maturité; par ce moyen la tige émet de nouvelles racines au nœud, et ces racines apportent sur le fruit une plus grande somme de nourriture. Certaines variétés n'ont pas besoin de cette précaution, mais plusieurs la réclament et s'en trouvent bien.

Le jardinier soignera d'une manière toute spéciale les diverses plantes qu'il a conservées pour porte-graines; il a eu la précaution d'éloigner, autant que possible l'une de l'autre, celles qui sont du même genre et de les garantir du bec des oiseaux. Les Linots aiment les graines de lin et de carottes, le Bruant et le Verdier recherchent celles des radis, raves, petites raves et navets. Le Chardonneret et le Pinson se nourrissent de celles de scabieuse, de millet, de chanvre et de sorgho. Le moineau et la piegrièche détruisent tout, ils ont bientôt vu la fin d'une planche de pois conservés pour graines. Les meilleurs moyens à employer pour chasser ces maraudeurs sont de simples fils blancs, tendus horizontalement près des porte-graines, ou des ailes de moulin à vent faites avec des papiers ou des cartons de diverses couleurs.

Comme beaucoup de graines sont bonnes à récolter en ce mois, il est utile de dire aux jardiniers comment doit se faire la récolte. En général, toutes les graines doivent être récoltées avec une partie de la ramification de la plante, et jamais lorsqu'elles sont près de tomber : c'est le moyen de les avoir excellentes. Les pois et les haricots nains sont arrachés et mis en bottes ; ceux qui sont élevés sont récoltés avec une partie de la plante. Les siliques de radis et de petites raves ne s'ouvrant pas à l'époque de la maturité, on attend que celles-ci soient assez avancées pour couper la tige près du collet ; il n'en est pas de même des siliques de raves, choux et navets qui s'ouvrent à la maturité. Dans cette circonstance, le jardinier détache celles qui sont mûres avec une partie de pédoncule, ou il coupe aussi la tige près du collet, s'il juge que les deux tiers au moins des siliques sont suffisamment avancées. La récolte est portée dans un local aéré, mais abrité de la chaleur et de l'humidité réunies. Les paquets ne doivent jamais être ni trop gros ni trop serrés, et encore moins rapprochés les uns des autres. Si on a eu à préserver les graines de la voracité des oiseaux avant la récolte, on aura soin, après celle-ci, de les tenir éloignées des rats et des souris, qui exercent de grands ravages.

Semis.

On sème dans ce mois quelques haricots pour manger en vert, particulièrement le nain hâtif de Hollande, le noir de Bruxelles ou de Belgique, le Flageolet et le Canada soufre à œil blanc qui est un des meilleurs, le Chou d'York et ses variétés, le Cœur de Bœuf, le Pain de sucre, le Nantais, le Quintal, le Saint-Denis, le Guillotin. Les Milans, les Choux verts et non pommés, les Choux-fleurs durs, demi-durs et Lenormand; tous les Cerfeuils, les Persils, les Laitues d'hiver Romaines et autres; les Epinards, les Chicorées, les Raves et Radis, les Mâches, les Navets. Nous recommandons particulièrement celui de Finlande. L'Angelique, l'Arroche, le Cresson alénois, les Poirées à carde, les Oignons blanc hâtif, paille, et noir de Bourgogne; l'Oseille, le Pé-tsai, le Pak-choi, la Rhubarbe, le Pourpier et le Scorsonère. Nous recommandons la Scarolles Jantet, propagée par M. Neyron et annoncée par le journal le Sud-Est; c'est une Scarolle lente à monter, blanche, tendre, croquante et parfaite.

Plantations.

Les plantations sont nombreuses; elles consistent

principalement en Poireaux, Choux de toutes espèces, Laitues, Scarolles, Oseilles, Chicorées et Oignons. C'est trois semaines après la plantation des Choux qu'il sera bon d'employer les engrais que nous avons indiqués plus haut. On plante avec avantage, en ce mois, le Fraisier, en ayant soin de n'utiliser que les plants produits par les premiers nœuds: ces plants sont désignés sous le nom de premiers-nés.

Floriculture de pleine terre.

Le parterre doit être garni avec profusion de toutes sortes de plantes, et la floraison doit être continuelle. Aux plantes passées ont succédé le Dahlia, le Lantana, le Fuchsia, le Pélargonium zonale, la Verveine, l'Héliotrope du Pérou, les Sauges rouges et violettes, les Lobélies rouges et pourpres, les Baliziers, les Arum, etc., etc.; toutes ces plantes doivent être fréquemment arrosées et tenues avec un soin irréprochable.

Les massifs, qu'ils soient garnis de plantes fleuries ou de plantes à feuillage d'ornement seulement, doivent tous être entourés d'une bordure de plantes naines à floraison prolongée. La *Nierembergia gracilis* et les *Ruellia ovata* et *dependens* s'allient très agréablement aux Pélargonium, Lobélies, Fuchsies et Sauges. *Les Capucines Tom-Pouce* et autres aussi basses relèvent les massifs de Caladium et d'Héliotropes. La *Campanule gazonnante* réhausse également toutes les plantes à fleurs rouges. La *Spergule pilifère* produit un charmant effet autour d'un massif composé de petites plantes à feuilles persistantes. Le jardinier peut semer en pleine terre le *Coréopsis élégant nain*, l'*Eschscholtzie* de *Californie* et ses variétés, *l'OEillet de Chine*, de *Gardener* et des *poëtes*, la *Rose trémière* de la *Chine* et ses variétés; il sèmera en vase, pour pouvoir hiverner convenablement, les *Anagalis rosea grandiflora*, et *fructicosa*, les *Cuphœa strigulosa* et *platycentra*, la *Gaillardia picta grandiflora*, l'*Inopsidium acaule*, l'*Ipomopsis elegans*, le *Lagurus ovatus*, les *Loasa aurantiaca* et *Herbetii*, les *Lobelia erinus* et *gracilis*, la *Morina nitida*, la *Nycterina selaginoïdes* et la *Viltadenia lobata*. Les graines de cette dernière plante pourraient être semées en pleine terre; mais, comme elles sont très fines et très légères, mieux vaut les confier à un vase, qu'il est plus facile de soigner. La plante n'est point annuelle ni bisannuelle comme quelques personnes l'avaient annoncé; nous la cultivons depuis dix ans, et, depuis dix ans, elle est toujours robuste et vivace; elle réclame une terre argilosiliceuse et une exposition bien éclairée.

A la fin du mois, on peut planter en pleine terre des *Perceneige*, le *Muguet*, des *Fritillaires*, les *Iris xiphium* et *xiphioïde*, le *Ferraria undulata*, le *Dodécatheon meadia*, la *Scilla bifolia* et diverses autres espèces, le *Muscari odorant* et le *monstrueux*, l'*Erythronium dens-canis* et le *Cypripedium calceolare*. On aura soin de planter à mi-ombre celles de ces plantes qui se plaisent sous bois, comme le Muguet, l'Erythronium, le Dodécathéon et le Cypripedium. On peut planter sous bâches les *Alstroémères*, les *Sparaxis*, les *Arum* et diverses variétés ou espèces d'*Amaryllis*, d'*Oxalis* et la *Lachenaultia pendula*.

Orangerie et serre tempérée.

Le jardinier-fleuriste propage par la bouture les plantes des serres froides et tempérées ; il rempote celles qui en ont besoin ; il doit surveiller avec soin cette opération qui, mal faite, cause souvent la mort d'une plante. L'élève peu intelligent et peu soigneux coupe et mutile une racine qui devrait rester intacte, et conserve, au contraire, celle qui devrait être retranchée ; souvent aussi son outil est en mauvais état ; par surcroît, il oublie de drainer le vase et de le garnir parfaitement de terre convenable. Les Orangers, les Grenadiers et particulièrement les *Nerium* (vulgairement Laurelles) réclament dans ce mois, de copieux arrosements.

On rentre, vers la fin du mois, les plantes les plus délicates qui ont passé l'été dehors. On fera une chasse active aux insectes qui pullulent dans les serres, particulièrement aux pucerons. A cet effet, on pratique des fumigations de tabac, mais cette méthode ne réussit qu'imparfaitement et finit par devenir fort coûteuse ; il est préférable d'employer l'essence de térébenthine, qu'on prépare de la manière suivante :

Prenez une bonne poignée de terre de jardin, exempte de gravier, placez-la dans un vase de terre, ajoutez de 15 à 20 grammes d'essence de térébenthine, triturez bien pour que le mélange soit parfait, jetez la préparation dans quatre à cinq litres d'eau que vous agitez un instant et bassinez la partie de la plante attaquée avec cette substance. qui détruira les pucerons sans altérer la plante. S'il reste des traces après l'opération, on les fera disparaître par un autre bassinage à l'eau propre.

Arboriculture.

On pratique encore quelques pincements et quelques palissages sur le pêcher en espalier; on casse progressivement les rameaux anticipés du poirier et du pommier qui se sont développés au-dessus du rameau pincé dans le courant de l'été; ces rameaux anticipés sont cassés à un centimètre environ de leur naissance. Comme la cassure n'est jamais entière, le rameau reste suspendu; il n'est enlevé que lorsqu'il est flétri : c'est moins gracieux que le rameau tordu, nous en convenons, mais c'est plus tôt fait et le résultat est le même, s'il n'est pas plus prononcé. Par cette méthode utile, on évite le développement d'un bourgeon à bois et on assure la mise à fruit du rameau pincé.

On découvre prudemment les pêches d'espalier cachées sous les feuilles. Si une partie seulement d'une feuille ombre ou couvre un fruit, on se contente de couper juste cette partie; il est inutile et dangereux de retrancher la feuille entière, car la partie conservée nourrira encore le bourgeon placé à l'aisselle du pétiole, ce qui est très important dans certaines circonstances, selon la place qu'occupe la feuille et selon l'importance du rameau qui la porte.

Pour donner de la couleur aux fruits, on pratique des bassinages sur toute l'étendue de la surface de l'arbre; cette méthode entretient d'ailleurs la santé. Il est à propos, pour la maintenir et l'assurer mieux encore, de répandre de temps en temps sur le sol une eau chargée de matières fertilisantes et dissoutes, car il ne faut pas perdre de vue que plus l'arbre est chargé de fruits, plus il a besoin de nourriture.

Un peu de mousse ou de petit foin placé près de l'arbre empêche au fruit qui tombe de se gâter, et quelques trappes détruisent les loirs et les rats, très friands de pêches.

Le pépiniériste greffe à l'écusson et à l'œil dormant les sujets destinés à cet effet; il a soin de commencer par ceux dont la sève se ralentit le plus promptement; il pose sur les arbres vigoureux et peu fertiles des bourgeons à fruit. Si le bourgeon terminal d'une ramification de l'année est à fruit, on lui donnera la préférence pour cette sorte de greffe; on prépare le terrain et on le rend propre à recevoir les semis de noyaux et de pépins; on surveille la récolte des poires d'été, qui ne doivent jamais être récoltées mûres, mais toujours quelques jours d'avance; on épampre légèrement et avec prudence la vigne à raisin précoce; il ne faut pas que le raisin soit surpris brusquement par les rayons du soleil.

Plantes à propager :

1° Floriculture de plein air.

1° *Potentilla glabra*, Potentille glabre (Rosacée). Très jolie plante originaire de la Sibérie; elle est haute de 30 à 40 centimètres, mais ses ramifications sont horizontales et couchées. Cette belle Dryadée se fait remarquer par ses feuilles glabres et ses fleurs blanches; comme toutes ses congénères, elle aime un sol normal, humifère et éclairé; elle brave les hivers les plus rigoureux; on la multipliera par graines ou par éclat.

2° *Clematis erecta flore pleno*. Clematite droite à fleurs pleines (Rev. hort., octobre 1860). Cette variété, obtenue par M. Billard, pépiniériste à Fontenay-aux-Roses, est une plante vivace, non traçante, dont les tiges atteignent de 50 à 80 centimètres de hauteur et sont terminées par une panicule spiciforme portant de nombreuses fleurs très pleines, d'un blanc de neige lors de leur complet épanouissement, légèrement odorantes, atteignant environ 14 millimètres de diamètre; elles rappellent assez exactement celles du prunier du Japon à fleurs blanches doubles, et sont disposées en panicules qui atteignent jusqu'à 20 centimètres de longueur; on la multipliera par division au printemps, et on la plantera, comme sa mère, dans une terre normale, un peu fraiche, et à une exposition ombrée.

3° *Momordica mixta*. Momordique mixte. (Bot. Mag. 5145, Cucurbitacées.) C'est véritablement une plante ornementale dans toute l'acception du mot. Les tiges et les rameaux, grêles et anguleux, sont grimpants au moyen de vrilles. Les feuilles, de dimension variable, sont souples, cordiformes à la base, puis palmées, lobées à segments dentés; les pétioles sont larges, canaliculés, et portent plusieurs glandes rondes, creuses au sommet, semblables à de petits champignons; les fleurs mâles ont au moins dix centimètres de diamètre; elles sont d'un jaune pâle, plus foncé au centre; les deux pétales externes ont une belle macule jaune à la base, et alternent ainsi avec les trois macules poupre noir des trois internes; tous sont, en outre, velu-tomenteux du milieu à la base. Les calices sont presque noirs; les fruits ovés, arrondis, sont très gros, très pointus, hérissés de pointes molles et rouges; ils contiennent un grand nombre de graines. Cette plante est annuelle, cultivée à l'air libre.

4° *Xanthosoma sagittæfolia*, Xanthosoma à feuilles sagittées (Aroïdées). Cette belle plante ressemble à l'*Arum esculentum ;* elle s'en distingue cependant par ses feuilles beaucoup plus profondément échancrées. En effet, dans cette espèce, l'échancrure atteint le point d'insertion sur le pétiole, tandis que dans l'*Arum esculentum* elle est de moitié moins profonde. Nous avons reçu cette plante d'Alger il y a deux ans ; ses feuilles, d'un beau vert foncé, ont atteint une longueur de quarante centimètres sur trente centimètres de large; leurs pétioles, droits et forts, n'avaient pas moins de soixante centimètres de hauteur ; elle exige un sol riche et bien terreauté ; on la multiplie par la séparation des racines au printemps. Ces racines ou rhizomes sont rentrées en serre froide ou tempérée, dès les premiers froids. Il faut les garantir de l'humidité pendant l'état de repos. Lorsqu'arrive le printemps, on coupe les racines par tronçons munis d'œils ; on les plante en pot pour en activer la végétation, et on les plante ensuite en pleine terre lorsque les beaux jours sont assurés; c'est en tout point la même culture que celle de l'*Arum esculentum*.

Nous recommandons la culture des douze magnifiques Balisiers suivants.

Canna compacta. Tige de un mètre cinquante centimètres, feuilles larges, réfléchies. — *Canna elata macrophylla*. Tige de deux mètres cinquante centimètres, feuilles grandes, ovales, ondulées. — *Canna musæfolia*. Tige de un mètre cinquante centimètres, feuilles droites, larges, ovales, oblongues. — *Canna musæfolia hybrida*. Tige de deux mètres cinquante à trois mètres, feuilles très larges, ovales. — *Canna musæfolia minima*. Tige de deux mètres, feuilles d'un vert glauque, ovales, lancéolées, réfléchies. — *Canna gigantea maxima.* Tige de deux mètres cinquante à trois mètres, feuilles ovales, plus grandes que celles du *gigantea.* — *Canna nervosa.* Tige de deux mètres, feuilles ovales-lancéolées, à nervures pourpre foncé. — *Canna purpurea spectabilis.* Tige rouge de un mètre quatre-vingts centimètres à deux mètres, une des plus connues.— *Canna rubra perfecta.* Tige rouge de deux mètres, feuilles ovales-lancéolées droites, d'un rouge pourpre foncé. — *Canna Van-Houtii.* Tige d'un mètre cinquante centimètres, feuilles grandes, allongées, veinées de rouge, ascendantes. — *Canna Warsceviezii zebrina.* Tige rougeâtre d'un mètre cinquante centimètres, feuilles ovales-aiguës, colorées de rouge et zébrées de pourpre brun.

2° Culture maraichère.

Légumes.

Chicorée frisée de Ruffec (Gayet). Cette variété atteint un grand développement; elle est rustique et de bonne qualité.

Radis de Madras. On emploie les siliques de cette plante, cueillies avant leur maturité, à l'instar des radis, dont elles ont la saveur piquante. Chaque pied en donne une grande quantité. La racine pourrait être mangée jeune, elle a le goût des radis; les siliques, arrivées à leur maturité, ne sont plus bonnes. On sème la graine de mars en août.

Tomate à tige raide de Laye. Variété très remarquable par son port; sa tige droite, très forte, n'a pas besoin de soutien; ses fruits mûrissent entre ceux de la tomate rouge hâtive et ceux de la tomate rouge grosse. Cette variété offre encore l'avantage de n'avoir pas besoin d'être taillée aussi souvent que les autres.

Fraises.

Marguerite (le Breton). Fruit très gros, souvent énorme, de forme allongée, rouge vif, juteux et de très bon goût ; plante rustique et d'un grand produit.

Crimson queen (Myatt). Fruit très gros, de forme semblable à celui de la Bristish queen, mais de couleur rouge pourpre et à chair rouge, pleine, juteuse, sucrée, délicieuse ; plante rustique et très fertile, maturité tardive.

La Sultane (D. Nicaise). Fruit gros, de forme allongée ou conique, souvent deux soudés ensemble, de couleur rouge vif glacé, chair blanche, pleine, juteuse, sucrée et très parfumée ; plante robuste et très fertile, maturité de moyenne saison.

Délices du palais (D. Nicaise). Fruit assez gros, de forme arrondie, de couleur rouge foncé luisant ; chair rose, pleine, juteuse, sucrée, exquise.

Ambrosia (Nicholson). Fruit très gros, de forme arrondie, de couleur rouge foncé luisant ; chair blanche rosée, pleine, très juteuse et sucrée, avec un goût prononcé de mûre ; maturité demi-hâtive.

Napoléon III (Glaede). Fruit gros ou très gros, de forme arrondie ou lobée, de couleur rose orangé vif ; chair blanche, très pleine, juteuse, sucrée, agréablement acidulée ; plante très vigoureuse et d'une grande fertilité ; variété tardive.

3° Arboriculture.

Arbrisseaux.

Rosier thé Président (Amérique). Ce rosier se rapproche beaucoup du rosier thé *Caroline* et plus encore du thé Adam. C'est une variété très vigoureuse, à feuillage ample et lustré, à fleurs de première grandeur, variant d'intensité de coloris selon les époques dans lesquelles elles se montrent et selon les phases diverses de leurs différents développements. Ainsi, elles sont d'un jaune saumoné plus ou moins vif, ou sulfurin relevé de rose tendre, ou orangé vif au centre.

Pœonia Moutan Alexandre II. Cette variété, qui se fait remarquer par ses fleurs énormes, très pleines et très bien faites, provient des graines obtenues par une fécondation artificielle entre les variétés *Papaveracœa* et *Rosea*, comme en justifie le coloris si vif, pourpre et blanc à la fois, de ses pétales grands et nombreux.

Conifères.

Scianopitys verticillata (Zuc.). Arbre de quarante à cinquante mètres de haut, à feuilles robustes, verticillées, d'un vert jaunâtre, longues de dix à douze centimètres. Ce pin parasol est, dit-on, d'une beauté extraordinaire

Abies microsperma (Lindl.). Bel arbre de quinze à dix-huit mètres de haut, tout-à-fait différent de tous autres *Abies*, à cônes grêles, délicatement dentés, aussi larges aux deux extrémités, et offrant les plus petites semences du genre. Le feuillage, dont le dessous est glauque, ressemble par le coloris à celui de l'*Abies* commun, mais le dessus est absolument d'un blanc d'argent.

Abies leptolepis (Zucc.). Arbre de treize à quatorze mètres, très robuste et très vigoureux; il croît à une altitude de 2,800 mètres environ au dessus de la mer.

Abies Veitchii. Cette très remarquable espèce s'élève de quarante à cinquante mètres de hauteur; elle ressemble à la fois aux *Abies nobilis* et *Nordmaniana* et a le facies d'un pin argenté.

Abies Alcoquiana (Veitch.). Arbre de trente à quarante mètres de haut; c'est une belle espèce, dont le bois est employé pour les menus ouvrages domestiques, et qui croit à une altitude de 2,000 à 2,500 mètres au-dessus de la mer.

Abies Tsuga (Zucc.). Cet arbre, de trente à quarante mètres de haut, croît à une altitude de 2,000 mètres au-dessus de la mer. Son bois est décrit comme excellent, d'un brun jaunâtre; les Japonais l'emploient pour la fabrication des menus ouvrages.

Arbres fruitiers.

Pêche de Salway. Fruit rond et contracté à l'extrémité; un sillon assez profond s'étend du sommet au pédoncule; la peau est d'un bel orangé, teinté et pointillé de rouge du côté du soleil; la chair est orangée, rouge autour du noyau, tendre, fondante, juteuse, d'une saveur exquise et d'un arôme délicat.

Le fruit, qu'on dit être le plus gros du genre, mûrit vers la fin d'octobre. Cette pêche anglaise a été obtenue de semis par le colonel Salway qui, en 1814, rapporta de Florence des noyaux de la pêche Saint-Giovani. L'arbre est, dit-on, très rustique, et tout amateur voudra l'ajouter à sa collection.

C.-F. WILLERMOZ.

Septembre.

Avec le mois de septembre arrivent les petits jours et les longues nuits; mais ce n'est pas dire que le jardinier a plus de temps pour se reposer; au contraire, il a immensément à faire : son jardin, dévoré par les chaleurs ardentes du mois d'août, doit changer de face; il faut que les vides se remplissent, que tout reprenne un aspect de fraîcheur et de santé. Ainsi, jardinier, mon ami, ne perds pas courage! songe à l'hiver! sème et plante tout ce qui est nécessaire pour fournir le marché pendant cette rude saison. Rappelle-toi, cher confrère, que les pluies, qui manquent rarement dans le mois de septembre, préparent la terre à recevoir plusieurs graines et plusieurs plantes, et que la chaleur du soleil, qui diminue, donne une grande facilité pour replanter avec avantage beaucoup de choses qu'il y aurait eu danger à déranger pendant le mois précédent.

On récolte, dans ce mois, les graines mûres avec les mêmes soins qui ont été indiqués ailleurs. On recueille les graines de Poireaux si elles sont noires; pour cela on coupe les têtes, qu'on place sur des feuilles de papier et qu'on expose tous les jours au soleil, jusqu'à ce que les graines sortent facilement de leur enveloppe. C'est aussi le moment de récolter les Fèves et les Haricots, qu'on expose en cosse au soleil pour les faire sécher, et qu'on suspend ensuite jusqu'au moment où l'on en a besoin.

Les Concombres qui sont en pleine maturité doivent être ouverts. On en retire la pulpe et les graines, qu'on laisse deux ou trois jours avant de les laver. Après le lavage, on laisse tremper les graines pendant vingt-quatre heures dans l'eau, puis on les fait sécher pendant dix jours au moins avant de les ensacher. Toute graine rentrée sans être parfaitement sèche, périt et fait périr ses voisines.

On s'en trouvera bien de traiter les graines de toutes les Cucurbitacées de la même manière, et particulièrement celles des Melons.

On donne un premier sarclage, au commencement du mois, aux Raves et aux Navets.

On arrose, le matin et non le soir, les plantes qui en ont besoin. Pour garantir les Melons de la fraîcheur des nuits ou d'une trop grande humidité, on fera bien de les couvrir le soir et dans la journée si le temps menace de tourner à la pluie ou à l'orage.

On commence, dans ce mois, à lier et à butter quelques pieds de Cardons et de Céleris pour les faire blanchir. Voici comment on doit opérer pour ces deux plantes : d'abord profiter d'un temps sec, entourer jusqu'aux trois quarts de leur hauteur les Cardons d'un lien de paille (comme on entoure le pied des gros arbres qu'on replante) et les butter ensuite, de manière à ce qu'ils ne puissent pas être renversés par le vent. On attache le Céleri avec deux petits liens de paille : l'un placé dans le milieu, l'autre près du sommet de la plante, dont on coupe l'extrémité des feuilles, et on butte jusqu'au deuxième lien.

On capuchonne la tête des Choux-Fleurs qui commencent à se former ; cette méthode consiste à rabattre simplement les feuilles les unes sur les autres, de manière à former une voûte au-dessus de la tête qui se développe et blanchit.

On prépare les silos et les celliers pour la conservation des légumes d'hiver. On rentre les Courges, les Citrouilles et les Giraumons qui ont atteint leur maturité et leur développement.

Culture maraichère.

Récolte.

On récolte, pendant ce mois, des Pois tardifs (ridés), des Artichaux plantés au printemps (nous continuons de recommander celui de Niort), des Choux-Fleurs, des Laitues pommées, des Scaroles, des Chicorées blanches, du Cresson alénois, des Ognons, des Radis, des Raves, des Navets, des Potirons, des Melons, des Choux de Milan et pommés, des Carottes, des Betteraves, des Haricots, des Fèves de jardin, des Scorsonères, des Pommes de terre, des Tomates, des Aubergines, des Piments, des Mâches et beaucoup d'autres petits produits, comme Cerfeuil, Persil, etc.

Semis.

On sème, pour récolter avant l'hiver, l'*Arroche*, le *Cerfeuil ordinaire* et le *frisé*, le *Cresson alénois frisé*, la *Chicorée amère*, le petit *Haricot noir hâtif*, à bonne exposition, les *Mâches à feuilles rondes* et d'*Italie*, les *Navets hâtifs*, les *Radis roses et blancs* et les *Raves*. On sème, pour repiquer avant et après les gelées, et pour récolter de mars en juin, la *Carotte courte et rouge*, le *Cerfeuil bulbeux*, la *Chicorée fine d'été*, les *Choux rouges d'York*, *Cœur de bœuf*, *Pain de sucre*, *Joannet*, *Milan hâtif*, *Milan tardif*, *Choux-Fleurs dur*, *demi-dur* et *Lenormand*; toutes les variétés d'*Epinards*, les *Laitues d'hiver*, les *Romaines d'hiver*, les *Scaroles*, l'*Ognon blanc hâtif*, les *Oseilles*, le *Chervis*, le *Persil*, les *Radis d'hiver de Chine* et le *Poireau commun*.

Plantations.

On plante les Poireaux, diverses sortes de Choux, celui à jets de Bruxelles, les Brocolis et les Choux-Fleurs rustiques, particulièrement dans les endroits bien abrités. On plante aussi les Chicorées, la Scarole et la Laitue brune de Hollande. Toutes ces plantes sont mises en place, avec tout le chevelu possible, sous forme de petites mottes, qu'on place en échiquier à 20 centimètres les unes des autres.

Le mois de septembre est un mois très favorable à la plantation des Fraises à petits et à gros fruits. Le jardinier ne doit employer à cette plantation que les plants les plus rapprochés de la plante mère et qu'on nomme *premiers-nés*. On plante également le Fraisier en pot pour le forcer pendant l'hiver. Toutes les plantes doivent être arrosées immédiatement après leur mise en place.

FLORICULTURE : 1° PLEIN AIR.

Semis.

On confie, vers la fin du mois, une grande quantité de graines à la terre, particulièrement celles des plantes rustiques dont les fruits sont déhiscents, c'est-à-dire qui s'ouvrent immédiatement après la maturité.

La terre, fumée, labourée et dressée d'une manière convenable, recevra les graines d'*Adonide d'été*, de diverses *Ancolies*, par exemple, les *Aquilegia vulgaris*, *formosa*, *Sibirica*, *jucunda*, *Wittmanniana* et *glandulosa* ; on sème différentes *Campanules*, l'*Agrostis pulchella*, l'*Alysse odorante*, la *Calandrinie ombellée*, la *Coréopside élégante* et ses variétés, les *OEillets de la Chine*, *des Poètes* et de *Gardner*, la *Pensée à grandes fleurs*, les *Dauphinelles vivaces*, la *Julienne de Mahon*, les *Gypsophiles élégant et paniculé*, les *Gilies*, les *Silènes*, les *Thlaspis*, le *Gaura de Lindheimer*, le *Godetia rubicunda*, l'*Eucharidium grandiflorum*, le *Lathyrus latifolius* et ses variétés, la *Rose Trémière de la Chine*, les *Lychnis coronaria*, *Chalcedonica* et *flos cuculi*, le *Quarantin*, la *Giroflée*, le *Gamolepis Tagetes*, le *Crepis rosea* et l'*Anthemis parthenioides* ou *Matricaire mandiane*. Toutes ces graines peuvent être semées en planche ou pépinière; on sème en place pour massifs les *Coquelicots*, les *Pavots*, les *Clarckies*, la *Collomie coccinée*, les *Pieds-d'Alouette annuels*, la *Némophiles*, l'*Eschscholtzie de Californie*, l'*Argémone à grandes fleurs*, *l'Immortelle annuelle* (Xeranthemum annuum) et le *Lychnis Cœli-rosa*. On fait avec cette dernière plante des bordures, comme on en fait avec les Némophiles. les Pieds-d'Alouette, la Collomie, la Julienne de Mahon, etc., etc.

On donne à ceux de ces semis qui le réclament de fréquents arrosements, particulièrement à ceux dont le plant se repique en pépinière avant l'hiver, comme les Campanules, les Œillets, les Roses Trémières, les Pensées, les

Dauphinelles vivaces et les autres plantes bisannuelles et vivaces.

On éclaircit et l'on consolide les pieds des Dahlias. On peut en toute sécurité séparer et replanter les Pivoines herbacées, qui fleurissent mieux que lorsqu'on les sépare au printemps. On retranche avec soin les tiges de plantes d'ornement de pleine terre dont la floraison est terminée; on ne réserve que celles qui portent les graines destinées à la récolte. On rentre, après les avoir empotées, les plantes de serres froide et tempérée qu'on a fait servir à l'ornementation du parterre. On regarnit celui-ci avec des *Asters de la Chine* (Reine Marguerite), des *Pyrèthres roses*, des *Chrysanthèmes de l'Inde*, des *Périlles de Nankin*, et des *Sauges éclatantes* qu'on a préparées à cet usage quelque temps d'avance. On met en place les Ognons de *Jacinthes* et de *Tulipes* qui n'ont pas pu être plantés pendant le mois précédent. On plante également les *Jonquilles*, les *Narcisses*, les *Anémones*, les *Renoncules*, les *Martagons*, les *Lis*, les *Safrans* et les *Perce-Neige*. On choisit pour les plantes bulbeuses une terre légère, peu fumée, mélangée à des décombres de bâtiments. On œilletonne les *Oreilles d'Ours* au commencement du mois, afin qu'elles aient le temps de se fortifier avant le printemps. On sèvre les marcottes d'Œillets qui sont bien enracinées, et on les plante en planches, à 40 centimètres les unes des autres, en échiquier. Cette opération réclame une grande précaution, car il est très important de conserver toutes les racines de la marcotte, comme il est important de ménager celles du plant d'Œillet remontant, qu'on rempote pour rentrer plus tard dans la serre froide, où il fleurira pendant l'hiver. L'Œillet réclame une bonne terre franche, bien substantielle, et craint la trop grande humidité, qui le rouille et le fait périr.

2° Chassis, Orangerie, Serres froide et tempérée.

On sème en vase, pour placer sous châssis ou en serre froide, les graines de *Renoncules*, d'*Anémones*, de *Jacinthes*, de *Tulipes*, d'*Iris*, de *Fritillaires*, et d'autres plantes bulbeuses de pleine terre. Ces graines sont confiées à une terre légère, tenue modérément humide et suffisamment ombrée. Vers la fin du mois, on sème dans de petits vases quelques graines de *Réséda odorant;* ces petits vases sont placés sous châssis et tenus humides et bien éclairés. Après la germination, on conserve dans chaque vase le plus fort et le plus vigoureux des plants, et on détruit les autres. Ce plant, pincé lorsqu'il a atteint 9 à 10 centimètres de hauteur, et rempoté deux ou trois fois, produit un petit arbrisseau qui passe l'hiver dans la serre froide et la parfume de sa suave odeur.

On rempote les Myrtes, les Orangers, et en général toutes les plantes de serre froide qui n'auraient pas été rempotées au printemps. On les taille et on les nettoie à fond. On retranche aussi une partie des boutons des Camélias qui en sont trop chargés; par ce moyen on maintient la santé du végétal, et on obtient de plus belles fleurs. Vers la fin du mois, on rentre dans l'orangerie, qu'on laisse ouverte la nuit et le jour, toutes les plantes grasses ou qui sont considérées comme telles, comme Ficoïdes, Euphorbes, etc., etc.

3° Arboriculture.

Récolte.

Le jardinier doit porter toute son attention sur les fruits de son jardin, et la bonne ménagère doit le seconder pendant la récolte. On cueille, de neuf heures du matin jusqu'à quatre heures du soir, tous les fruits qui approchent de leur maturité, et on les porte au fruitier, où ils doivent acquérir toute leur perfection. On reconnaît facilement le fruit bon à cueillir à son changement de couleur, bien que ce changement soit peu sensible pour quelques variétés. Il ne faut pas oublier que le bon fruit qu'on laisse mûrir sur l'arbre n'est pas meilleur que celui qu'on récolte trop tôt, c'est-à dire que le trop mûr perd toutes ses qualités, et que le trop vert se ride sans acquérir les siennes. Quelques poires de la fin de l'été et du commencement de l'automne changent rarement de couleur, mais on reconnait le moment de les récolter, lorsqu'elles se détachent facilement de l'arbre, ou que leur peau devient soyeuse Les poires Beurré d'Amanlis et Nouveau-Poiteau sont souvent dans ce cas.

La pêche est meilleure le lendemain et le surlendemain, que le jour où elle est récoltée. Le duvet qui la recouvre est dangereux à respirer et cache la beauté du fruit; aussi nos intelligentes jardinières ont-elles le soin de l'enlever avec une brosse douce, en se plaçant dans un courant d'air ; et nous croyons devoir recommander ces précautions à toutes les personnes qui n'ont pas l'habitude de récolter les fruits. A celles-ci nous dirons encore qu'elles ne doivent jamais presser fortement le fruit avec les doigts, ni le saisir à poignée pour s'assurer s'il est bon à cueillir; le changement de couleur, comme nous l'avons dit, est un indice certain. La pêche doit être détachée de l'arbre en la tournant légèrement sur elle-même, et non en la tirant à soi; il en est de même des gros abricots. La poire est prise par le pédicelle, si celui-ci est assez long pour qu'on puisse le saisir. S'il est trop court, on prend le fruit avec délicatesse et on le détache de l'arbre sans le presser. Tous les fruits sont placés à côté les uns des autres dans des paniers plats, dont le fond est garni de mousse ou de feuilles, et portés ensuite au fruitier, où ils sont rangés variétés par variétés, ce qui permet de les surveiller d'une manière simple et facile. On continue à retrancher les feuilles qui couvrent les pêches des espaliers, pour leur donner de la couleur et de la saveur. Les principales pêches qu'on récolte pendant ce mois, sont la pêche de Malte, la Vineuse de Fromentin, la Madeleine rouge tardive, la Belle de Vitry, la Bourdine, la Nivette, le Téton de Vénus, la Chevreuse tardive d'Egypte ou Michale, le Pavie Madeleine, les pêches lisses Grosse-Violette, de Standwich, et le Brugnon musqué. La liste des poires qu'on récolte pendant le mois de septembre est trop considérable pour qu'elle puisse trouver sa place ici : nous renvoyons aux publications du Congrès Pomologique de Lyon, que nous conseillons de consulter avec attention. Les raisins destinés à être conservés seront récoltés bien mûrs, par un temps sec et avec beaucoup de précaution. On récolte encore, pendant le mois, plusieurs variétés de prunes bonnes pour la table et pour sécher, telles sont : la Reine-Claude de Bavay, la Coës Golden Drop, etc., etc.

Travaux à exécuter.

On continue, pendant le mois, à greffer le pêcher; on pose des greffes à fruits sur les poiriers vigoureux et peu fertiles : l'extrémité des rameaux terminée par un bouton à fruit bien constitué, est préférable, pour cette opération, aux lambourdes trop âgées. On retranche ou on rabat la branche à fruit du pêcher (courson) qui a fourni la récolte. Cette opération a pour but de donner plus d'air et plus de force à la branche de remplacement. On continue à dépalisser et à repalisser, pour entretenir l'équilibre sur la charpente des arbres ; on prépare les places qu'on destine aux plantations d'arbres; on choisit en pépinière ceux qui présentent les plus grands avantages ; on prévient par le pincement le développement des branches gourmandes sur les arbres en pyramide et en espalier ; on casse encore quelques rameaux anticipés sur les poiriers et pommiers, mais, à moins d'une nécessité absolue, on n'ébourgeonne plus le pêcher.

On peut, dans ce mois, planter les arbres résineux et les arbustes à feuilles persistantes qui ont été déplantés avec soin par un temps humide et couvert. On marcotte les arbustes à fleurs qui se prêtent facilement à ce mode de multiplication. On détache les greffes faites pendant le mois d'août; on bine superficiellement les carrés de pépinières; on redresse les jeunes arbres qui prennent de mauvaises directions, et on retranche toutes les productions qui se sont développées au-dessous de la greffe.

Les mulots, les guêpes et les fourmis altèrent et détruisent une grande quantité de fruits : il est à propos de leur faire la chasse avec des piéges qu'on met en usage à cet effet. On peut, lorsqu'on a découvert un nid de guêpes, le détruire sans danger d'être piqué, en s'y prenant de grand matin.

On entretient les paillis au pied des arbres fruitiers; il est à propos même d'augmenter l'épaisseur de ceux des arbres qui portent des fruits, parce qu'en cas de chute les fruits se trouvent préservés.

On met stratifier les noyaux et les pepins des fruits qu'on a trouvés dignes d'être semés.

Plantes recommandées.

1° Floriculture.

Plantes herbacées, etc.

Dans notre revue du mois de février, nous avons recommandé le *Ricinus purpureus;* nous avons cherché à faire sentir tout le mérite de cette plante ornementale: aujourd'hui nous venons les confirmer, en disant que nous connaissons, près de Trévoux (Ain), un *Ricinus purpureus* qui a près de 4 mètres de hauteur; la longueur de ses rameaux est au moins de 2 mètres, et sa tige rouge a plus de 10 centimètres de diamètre. C'est une plante magnifique, qui fait l'admiration des visiteurs.

1° Mais voici un Yucca qui est bien autre chose que notre Ricin pourpre; ce colosse porte le nom de Roezlia Regia. (*Yucca Parmentieri*) (Roezl) (*Yucca argyrophylla*).

M. Roezl s'explique ainsi sur le compte de cette plante:

« La tige florale a environ 14 centimètres de diamètre;

« elle forme une pyramide de 7 à 10 mètres de hauteur « sur 3 à 4 de largeur ; les branches sont retombantes, « couvertes de milliers de fleurs blanches de grandeur « double de celles du *Polyanthes Tuberosa* (Tubéreuse) « et de la même odeur.

« A juger de la quantité de boutons non encore ouverts, « lorsque déjà il y avait des fleurs fanées, la floraison doit « se prolonger pendant bien des semaines.

« Cette plante croît à une altitude de 8 à 9 mille pieds « au-dessus du niveau de la mer.

« On peut dire, avec toute raison, que ces plantes sont « les rois des Liliacées. »

Passeront-elles l'hiver à l'air libre, malgré l'altitude où elles ont été trouvées ? voilà ce que nous apprendra l'expérience. En attendant, faisons des vœux pour les voir figurer dans tous les grands jardins, et tout particulièrement dans nos parcs publics, en compagnie de nos splendides *Canna gigantea discolor* et *erecta*, dont le port et le feuillage rivalisent avec ceux du Bananier de la Chine.

2° Le *Bambusa metake* est une plante rustique qui se plaît dans les sols argilo-siliceux un peu frais. Souvent cette plante buissonne et produit peu d'effet ; mais lorsqu'elle est bien cultivée, elle s'élève sur une ou deux tiges seulement, qui atteignent, dans le courant de l'année, jusqu'à 3 mètres de hauteur, et qui se garnissent de nombreuses ramifications minces et flexibles, couvertes de feuilles étroites, allongées et très aiguës.

3° Le *Bambusa gracilis* s'élève moins haut, mais porte un nom qui lui convient sous tous les rapports..

4° Enfin, le *Bambusa variegata* est une plante naine, en touffe et à feuilles très agréablement striées.

Le genre Pyrethrum doit être recommandé aux amateurs de plantes de pleine terre. On en a obtenu, par le semis, des sujets très élégants et très gracieux. Nous recommandons particulièrement :

5° *Pyrethrum beauté de Laeken*, fleur de grandeur moyenne, double ; pétales extérieurs d'un carmin foncé ; le cœur double rose d'un bel effet.

6° *Pyrethrum candidissimum*, grande fleur blanche avec un reflet rosâtre ; double, très beau.

Pyrethrum eximium, fleur de grandeur moyenne, carmin violacé, double ; le centre un peu plus pâle, très beau.

Pyrethrum giganteum rubrum. C'est la plus grande fleur des Pyrethrum obtenus jusqu'à ce jour ; elle est simple, mais d'un effet frappant ; les pétales sont d'un carmin violacé, centre jaune d'or.

Les Pyrèthres se multiplient facilement par la séparation des drageons, et produisent en général des graines fertiles qu'on sème au printemps, ou de bonne heure à l'automne. La plante se plaît dans une bonne terre substantielle de jardin, et n'exige d'autre soin que celui d'une grande propreté ; il est donc important de la débarrasser de ses feuilles à mesure qu'elles jaunissent. Nous devons ajouter que cette plante craint beaucoup les instruments en fer ou en acier ; nous en savons quelque chose par expérience.

Arbrisseaux.

1° On fait un grand cas du *Kalmia grandiflora*, espèce nouvelle à fleur de grandeur double de celle du *K. latifolia* et de même couleur. Le port en est robuste et la floraison abondante. Cette plante, comme toutes ses congénères, se plaît à mi-ombre et dans la terre de bruyère.

2° On recommande d'une manière toute spéciale le *Rhododendron Comte de Gomer*. La floraison de cette superbe variété est abondante ; les fleurs sont grandes, nombreuses, d'un blanc rosé, très tendre, bordé de rose vif. Cette remarquable et belle plante se cultive comme la précédente.

3° Le *Prunus Triloba* n'est pas assez répandue et mérite de l'être. Cette introduction est digne de trouver une place à côté des *Amygdalus Camelliæflora* et *rosæflora* de M. Fortune. Si elle leur cède pour la beauté et la richesse des fleurs, elle les surpasse pour son feuillage et la noblesse de son port.

4° L'*Elœagnus Japonicus variegatus* est une intéressante introduction ; ses feuilles sont nettement panachées de blanc-crème.

5° L'*Illicium variegatum* est une plante d'un port élégant, devant probablement être rapportée à l'*I. anisatum ;* ses feuilles sont marmorées de gris et légèrement bordées de blanc ; on la recommande comme un arbrisseau agréablement panaché.

2° Culture maraichère.

Laitue Pariset. M. Pariset, notaire à Cursat (Ain), a un goût tout particulier pour l'horticulture ; non seulement il travaille avec ardeur à enrichir la Pomone française, qui lui doit déjà quelques bonnes variétés, mais il se donne encore à la culture des plantes maraîchères, dont il cherche à améliorer les espèces. Aussi l'horticulture lui est-elle redevable d'une laitue que nous baptisons de son nom, et qui se recommande par sa beauté, sa tendreté et sa lenteur à monter.

Lorsqu'on veut en obtenir de bonnes graines, dit M. Neyron, ancien notaire à Coligny (Ain), amateur aussi modeste que savant, il est préférable de la semer à l'automne ; ce moyen, d'ailleurs, est essentiel pour lui conserver sa propriété de maintenir longtemps sa pomme.

3° Arboriculture fruitière.

La Pêche d'Egypte, dite aussi *pêche Michal*, *pêche de Tullins*, se reproduit assez bien de noyau, nous ne dirons pas identiquement, comme quelques pomologues le prétendent; non, ce serait induire en erreur les semeurs; toutefois, en semant, on est pour ainsi dire assuré d'obtenir de beaux et bons fruits. Cet arbre produit, dans les années chaudes, des pêches d'un beau volume, très savoureuses, qui mûrissent depuis le 10 jusqu'à la fin de septembre. Cette variété réussit mieux franche de pied que greffée ; nous avons remarqué que, plantée dans un sol un peu léger et à l'exposition du midi, elle ne vit pas longtemps et périt sans avoir payé la place qu'elle occupait, ce qui ne plaît à personne, encore moins aux horticulteurs, dont les fermes sont d'un prix trop élevé pour ne pas obtenir de bons résultats par le semis. Il est important de placer les noyaux des pêches un à un dans de petits pots de 10 à 12 centimètres de profondeur, remplis de bonne terre, ou plutôt de bon terreau bien sec; de les exposer pendant l'hiver à un endroit exempt de toute humidité et de chaleur: dans cette position, ils sont en stratification, qu'on fait cesser, à l'approche du printemps, par un copieux arrosement répété au besoin. Lorsque le jeune plant, qui ne tarde pas à se montrer, a acquis cinq ou six feuilles, on le met en place ou en pépinière, où il ne s'arrête pas; ce qui est facile à comprendre, car on n'a qu'à dépoter sans toucher aux racines.

C. Fné WILLERMOZ.

Octobre.

A moins que le temps ne se soutienne au chaud et au sec, les arrosages cessent à peu près complètement pendant le mois d'octobre, et on ne les utilise que pour les plantes qu'on repique en planche ou en pépinière.

On continue les opérations non achevées pendant le mois de septembre. Les semis et les plantations se succèdent donc jusqu'à ce que le jardin n'offre plus une place vide.

On peut dans ce mois œilletonner les artichauts et supprimer les vieux plants. On active le développement des têtes de Choux-Fleurs en arrachant le plant et en le replantant très profondément, dans un cellier ou une cave bien éclairée, dans du sable un peu frais ; par cette méthode, le Chou-Fleur grossit, blanchit et se conserve très bien et longtemps. On continue de faire blanchir le Céleri et le Cardon comme il a été expliqué au mois précédent. On fait également blanchir la Scarole et la Chicorée fine, soit en réunissant par un petit lien de paille l'extrémité de leurs feuilles extérieures, soit en les couvrant, pendant quelques jours, d'un paillasson léger.

Le mois d'octobre est encore riche en récolte de graines. Le jardinier profitera d'une belle journée pour rentrer toutes celles qui paraissent suffisamment bonnes à être récoltées, et il prendra d'elles les mêmes soins que nous avons indiqués précédemment.

Vers la fin du mois, même plus tôt si les circonstances l'exigent, le jardinier a fait toutes ses dispositions pour être en mesure, en cas de besoin, de défendre des injures de la saison les plantes qui craignent le froid et les grands vents. Il ne doit pas attendre que le mauvais temps se déclare pour prendre ses précautions.

Celui qui se dispose à faire quelques cultures forcées, doit songer aux emplacements,à ses provisions de fumier, de feuilles sèches et autres matériaux nécessaires dont il aura besoin vers la fin du mois.

Culture maraichère.

Semis et plantations de pleine terre.

On sème, dans ce mois, les graines de Mâches, d'Epinards, de Cresson alénois, de Cerfeuil commun et bulbeux, d'Asperges, de Chicorée sauvage améliorée, d'Oseille, de Persil, de Fraises, de Rhubarbe et de Tétragone ; ces derniers se sèment vers la fin du mois. On plante les œilletons d'Artichaut, l'Ognon blanc, les Laitues d'hiver, les Choux d'York et le Chou-Fleur. Ce dernier doit être planté, autant que possible, dans une terre légère, bien drainée et bien exposée. On continue la plantation des Fraises à petits et à gros fruits.

Floriculture : plein air.

Le jardinier soignera la floraison des Dahlias, dont il retranchera les fleurs fanées ; il s'amusera à féconder artificiellement les variétés qu'il désire croiser ; il retranchera également les fleurs fanées des Rosiers remontants, et fera la cueillette des fruits des variétés dont il se dispose à semer les graines. Ces fruits sont placés dans un vase où ils séjournent jusqu'à ce qu'ils commencent à se décomposer. Arrivés à cet état, on les écrase pour en faire sortir les graines ; celles-ci sont lavées, séchées et mises en stratification dans du sable sec, où elles demeurent jusqu'à l'époque du semis. On achève de rentrer toutes les plantes de serre froide et d'orangerie ; on relève les *Lantana*, les *Verveines*, les *Héliotropes*, les *Fuchsia*, etc., qui ornaient le parterre, et on les rentre après leur avoir donné les soins que réclame leur état.

Les feuilles des arbres commencent à perdre leurs couleurs ; elles jaunissent, tombent et couvrent allées et plates-bandes : dans cette circonstance, le jardinier fait mouvoir le rateau ; il donne donc la dernière façon aux allées, et fait, en même temps, une provision précieuse de feuilles qui serviront à faire des couches, et, plus tard, à composer un excellent terreau.

Semis.

On continue de semer, pendant ce mois, les graines de toutes les plantes annuelles et vivaces qui ont été indiquées le mois précédent. On recouvre d'un châssis celles des *Collinsies*, des *Immortelles à bractées et à grande fleur*, des *Leptosiphon androsaceus* et *densiflorus*, du *Limnanthes rosea* et du *Monolepia Californica*.

Plantations.

On plante en pot les Giroflées de grosse espèce pour les rentrer dans l'orangerie.

Le mois d'octobre est le meilleur moment pour refaire les plantes vivaces, surtout celles qui ne craignent pas l'hiver; elles fleurissent mieux que si on attendait le printemps. Ce sont particulièrement celles qui fleurissent de bonne heure, qu'il est important d'œilletonner et de planter dès à présent.

Après avoir fumé et labouré les plates-bandes, on repique les *OEillets de poéte*, les *Antirrhinum majus*, les Campanules vivaces et les plantes bisannuelles de pleine terre, dont on possède de forts plançons; on finit de planter les *Anémones* et les *Renoncules*.

On sépare les petits arbustes qui fournissent beaucoup de drageons; on bouture et on marcotte ceux qui se prêtent à ce mode de multiplication : les Jasmins blancs, les Chèvres-Feuilles, les *Weigelia*, les Groseillers à fleurs sont dans ce cas. On déplante et on replante les arbustes, les arbrisseaux et les arbres à feuilles persistantes, toujours avec la précaution de ménager toutes les racines et de profiter d'un temps frais et sombre; les rayons du soleil qui frapperaient les racines découvertes d'un végétal de cette nature, lui porteraient un grave préjudice. Si ces sortes de plantes sont destinées à voyager, il sera bon d'envelopper leurs racines d'un paillasson, aussitôt après leur sortie de terre.

Serres froide, tempérée, et Orangerie.

On rentre, dans le courant du mois, toutes les plantes de serre froide et d'orangerie. Il va sans dire que toutes doivent être rempotées et très scrupuleusement nettoyées. Celles qui ne réclament pas de rempotage sont soigneusement labourées, particulièrement les *Orangers*, les *Myrtes*, les *Grenadiers* et les *Lauriers-roses*, auxquels on donne un copieux arrosage après leur mise en place.

Les plantes doivent être rangées avec harmonie ; la grâce et le bon goût doivent présider à leur arrangement; on réunit autant que possible les espèces, et on les place par ordre de gradation ; les petites devant, les hautes derrière. Elles ne doivent pas être trop serrées ; il faut que l'air et la lumière pénètrent partout. Les portes et les croisées doivent rester ouvertes nuit et jour, jusqu'à ce que le mauvais temps force de les fermer.

A partir de la fin du mois, on diminue graduellement les arrosages dans les serres froides et les orangeries ; on ne donne de l'eau qu'aux plantes qui en ont réellement besoin, particulièrement à celles qui poussent et qui se disposent à fleurir. L'eau dont on se sert doit être de la même température que celle des serres.

Le jardinier qui veut tirer parti des fleurs de Chrysanthèmes de l'Inde, en relève quelques pieds qu'il met en vase et qu'il rentre dans la serre froide, il a la précaution de placer les plantes près du jour et de leur donner beaucoup d'air. Il rentre, vers le commencement du mois, si la température l'exige, les Lilas qu'il se dispose à forcer. Ces plantes doivent occuper une place bien éclairée, bien aérée, et la plus chaude de la serre. Vers la fin du mois, on commence un peu à les forcer. On force également, à la même époque, les Jacinthes, les Tulipes Duc de Thol et quelques Narcisses qui devront fleurir dans le mois de décembre.

Arboriculture.

On continue les remplacements sur les Pêchers ; on les débarrasse, en même temps, de tous les bois morts et des branches attaquées du *blanc* qu'on n'a pu guérir. On soigne bien le palissage de toutes les branches, afin que la neige et le givre puissent moins s'y fixer.

On s'occupe avec soin de tous les arbres fruitiers ; on leur fournit des engrais secs, ou de la bonne terre neuve, qu'on enterre par un labour peu profond. On commence à creuser les trous pour recevoir les arbres qu'on se propose de planter. En faisant cette opération de bonne heure, la terre aérée s'ameublit pendant la saison froide, et assure la reprise des arbres. Si on laisse les trous ouverts pendant quelque temps, il faut, avant la plantation, les piocher un peu dans le fond qui se plombe et se refroidit.

On bouture les Groseillers à grappes et à gros fruit ; on les multiplie aussi par drageons ; on multiplie de la même manière les Framboisiers remontants.

On continue la stratification des Pepins de Poires et de Pommes. On achève de récolter les fruits du jardin et du verger. Si l'année n'a été ni trop chaude ni trop sèche, on laisse les fruits d'hiver acquérir tout leur développement sur l'arbre, et on ne récolte que vers la fin du mois. Mais si la saison a été sèche et chaude, et que les chaleurs se soient soutenues longtemps, il ne faut pas différer la récolte au-delà de la première quinzaine d'octobre. Le fruits d'hiver (les Poires particulièrement), qu'on laisse passer du vert au jaune sur l'arbre, ne se conservent pas et perdent leurs qualités.

Le pépiniériste fera en sorte de profiter du mois d'octobre, pendant lequel il n'a encore rien à déplanter ni à replanter, pour donner la dernière façon à ses pépinières, qui doivent être tenues propres et purgées de toutes mauvaises herbes. Sans cette précaution, les graines de toutes sortes mûrissent, tombent, se dispersent, pour ensuite germer au printemps.

On peut semer en vase ou en pépinière les graines de Conifères et des arbres verts, particulièrement celles qui ne conservent pas leur faculté germinative longtemps. Telles sont celles des *Juniperus*, des *Taxus*, des *Ilex*, des *Mahonia*, etc., etc. Si la place manque ou qu'on ne soit pas prêt à semer, on fait stratifier ces sortes de graines. On fait également stratifier les pepins de Coing; mais avant, on doit les laisser tremper pendant quelques heures, dans l'eau, les laver ensuite jusqu'à ce que le mucilage qui les enveloppe ait disparu; après quoi on les fait sécher à un fort courant d'air. On ne les place dans le sable que lorsqu'ils sont parfaitement secs.

Plantes recommandées.

Floriculture.

Plantes de plein air.

Le Chrysanthème de l'Inde commence à étaler ses nombreuses corolles. Les variétés à petites fleurs semblent l'emporter sur celles à grandes fleurs. Toutefois, parmi ces dernières, n'oublions pas de recommander *Etoile filante*, fleur très pleine, bombée, imbriquée d'un lilas argenté ; le *Trouvère*, fleur d'un blanc carné, avec la perfection de forme de la précédente.

Parmi les variétés à petites fleurs, nous recommandons spécialement *Cérès*, *Diamant*, *Eulalie Laye*, *Guillerette*, *Mademoiselle Marthe*, *Miniature*, *Philippe Pelé* et *Putiphar*, toutes fleurs parfaites de forme, de tenue et de délicatesse, admirables de coloris.

Nous avôns dit que le mois d'octobre était très favorable pour la division des plantes vivaces qui fleurissent au printemps ; nous croyons donc que c'est le moment de recommander les *Iris Kaempferi*, introduits du Japon par Von Siebold. Ces variétés sont au nombre de six. Toutes sont très rustiques, et d'une culture aussi facile que celle de l'*Iris Germanique*. Ces six variétés sont : *Alexandre von Humboldt*. Fleurs majestueuses, blanches striées, d'un jaune clair.—*Alexandre von Siebold*. Fleurs grandes, d'un velours couleur pensée. — *Le Souvenir*. Fleurs grandes, couleur de rose. — *Nippon*. Fleurs d'un blanc pur. — *Madame Legrelle Dhanis*. Fleurs grandes, blanches, avec une teinte de lilas. — *Ernest Moriz Arndt*. Fleurs couleur pourpre velouté.

Sedum Fabaria. Fleurs d'un rose vif, réunies en larges corymbes ombelloïdes ; feuilles amples, opposées, d'un coloris particulier, d'un vert tendre glaucescent, à large nervure centrale blanche. Cette plante aime les terres argilo-calcaires, mais elle prospère à peu près partout ; toutefois elle réussit mieux à une exposition bien aérée et bien éclairée. Elle est un peu plus délicate que le *Sedum pulchellum*, qui est une jolie petite plante formant une touffe épaisse, bien ramifiée, d'une rusticité à toute épreuve, se plaisant dans tous les terrains comme à toutes les expositions ; très convenable pour former de charmantes bordures, n'ayant, une fois plantée plus besoin d'aucun soin.

Plantes de serres froides et d'orangerie.

Agatœa amelloides ou *Agathœa cœlestis foliis aureo*

variegatis. La plante type est très ancienne; elle est connue des jardiniers sous le nom de *Cinéraire à fleurs bleues*. Cette plante buissonneuse fleurit presque toute l'année; ses fleurs, d'un bleu céleste, ont le disque jaune. Elles sont solitaires, portées sur de longs pédoncules. La variété recommandée diffère du type par son feuillage panaché de jaune d'or.

Erythrine Marie Bellanger. — Plante à grandes fleurs rouge-cinabre, de forme parfaite; d'une hauteur moyenne de 60 à 80 centimètres. Le rameau floral atteint jusqu'à 35 centimètres de longueur ; les fleurs sont grandes, très nombreuses et très rapprochées.

Arbustes et arbrisseaux de plein air.

Weigelia hortensis rubra. Le *Weigelia amabilis rosea* est un arbuste qui porte un nom bien mérité ; c'est un des plus beaux ornements de nos parterres et de nos massifs. La renommée fait le plus bel éloge de son congénère : *W. hortensis rubra*. Nous désirons que cet éloge soit sincère, car nos jardins n'auront qu'à y gagner. Toutefois, disons-le ici en passant, on avait aussi beaucoup adulé le *Weigelia lutea*.

Lilas docteur Lindley. — Cette variété est annoncée comme une plante extrêmement belle. C'est un riche gain qui surpasse en beauté tous les lilas connus, même le *Lilas rubra insignis*.

Arbustes de serre froide.

Camellia Reine des beautés. — Cette variété est une *perfection* dans toute la signification rigoureuse de ce mot. Quelle délicatesse, quelle fraîcheur originale dans le rose tendre de ses fleurs, qui, au centre et à la circonférence, offre une teinte plus vive, dont le double effet ajoute à la beauté supérieure de l'ensemble! Un bel et ample feuillage, d'un beau vert luisant, fait ressortir avec avantage le frais coloris de ces fleurs, dont on peut avec confiance affirmer l'abondant et facile épanouissement.

Azalea Indica Charles Enke (Versch.).— Les fleurs de cette variété sont d'un rose pâle à bords blancs, striés de violet, ce qui leur donne un attrait remarquable.

Azalea Indica Dieudonné Spach (F. Spac). — Fleurs nombreuses, de première grandeur, fond blanc pur, relevé de rose vif du centre jusque près du sommet du limbe, bordé de blanc, sur lequel le rose s'étale comme à coups de pinceau; on remarque à la gorge une sorte d'anneau cocciné. Les macules sont d'un cramoisi foncé.

Arboriculture.

Arboriculture forestière.

Retinospora obtusa. — Bel arbre, toujours vert, du Japon ; de la race des *Thuya*, formant, selon Siebold, un tronc droit de 60 à 80 pieds de hauteur. Son feuillage ténu, flabelliforme, d'un vert sombre, a, en raison de ses petites dimensions squamiformes, beaucoup de ressemblance avec celui de certaines petites Selaginelles circinées.

Sciadopitys verticillata.—L'un des plus beaux Conifères du Japon et de toute l'Asie après le *Cedrus Deodora.* Ses feuilles sont longues, linéaires-obtuses et disposées en verticilles d'un aspect particulier.

Quercus castanœifolia glabra. — Ce chêne est d'une vigueur remarquable lorsqu'il est planté dans une terre un peu humide et argileuse. Son feuillage est très beau ;

le dessous des feuilles est d'un blanc argenté, et le dessus d'un beau vert foncé et brillant. Le Bombyx Cynthia se nourrit de ses feuilles comme il se nourrit de celles de l'*Ailanthus glandulosa*.

Abies microsperma. — Arbre de 40 à 50 pieds. Son feuillage, dont le dessous est très glauque, ressemble par le coloris celui de l'*Abies* commun, mais les feuilles en sont aussi longues que celles de l'*Abies amabilis*, et sont en dessus absolument d'un blanc d'argent. Ses cônes sont grêles, délicatement dentés, aussi larges aux deux extrémités, et offrent les plus petites semences du genre.

Arboriculture fruitière.

On annonce un raisin nouveau obtenu en Angleterre. Ce raisin, qui porte le nom Muscat Hambourg, est figuré dans l'*Illustration horticole*, publiée par A. Verschaffelt, de Gand (n° 4, 8ᵉ vol. Avril 1861). Si les qualités répondent à la description, nous ne saurions trop en recommander l'introduction dans nos pays, si bien favorisés pour la culture de la vigne.

La grappe de la variété annoncée est grosse, formant un cône renversé ; les grains noirs sont gros, oviformes, peu serrés et rappellent ceux du Frankintal. On les dit tendres, très juteux et doués d'une riche saveur sucrée et d'un haut parfum de muscat. M. Ch. Lemaire, ce savant et spirituel rédacteur de l'*Illustration horticole*, dit en parlant de ce raisin :

« La presse horticole anglaise s'est associée à la société pomologique pour constater de même les mérites supérieurs dudit raisin, que je souhaite venir en abon-
« dance sur vos tables, amis lecteurs. »

C.-F. Willermoz.

Novembre.

Avec le mois de novembre cessent, pour ainsi dire, les menus travaux si multipliés qui ont occupé le jardinier depuis le mois de mars. Les jours brumeux, les nuits longues et froides, les vents violents auxquels succèdent d'abondantes pluies, arrêtent et paralysent la végétation; déjà, vers le milieu du mois, les arbres sont dépouillés de leurs fruits et de leur feuillage; le parterre a perdu tous ses ornements; sauf la Chrysanthème de l'Inde, quelques roses de Bengale, quelques brins de Réséda et l'Ellébore noir (Rose de Noël), tout est morne et silencieux dans les jardins d'agrément. Dans le jardin potager, on ne rencontre plus que le Poireau, le Céleri, les Choux de Milan, les Chicorées, la Scarole et la Laitue d'hiver, qui couvrent encore une partie du terrain.

Culture maraichère : 1° Plein air.

Le jardinier profite de tous les moments favorables pour terminer les travaux urgents; il butte les derniers Céleris, il réunit des feuilles sèches et prépare une litière qu'il tient prête pour en couvrir, en un tour de main, les Artichauts menacés d'une gelée subite, il termine la plantation des Laitues d'hiver qu'il n'a pu achever pendant le mois précédent; il renouvelle les bordures d'Oseille, éclaircit les semis d'Epinards, rentre au cellier ou à la cave les Choux-fleurs et les Céleris les plus avancés, ainsi que la Chicorée en partie blanchie; il fume et laboure les carrés vides, et retourne profondément les parties du jardin qui ont besoin d'être défoncées.

Semis.

Le jardinier sème encore, vers le commencement du mois, de la Mâche et de la Carotte courte, à bonne exposition ; vers la fin, il sème du Pois Michaud hâtif, du Pois Bivort et de la Fève commune, même les variétés à gros grains. Les Pois se sèment en terre bien travaillée, exempte de pierres autant que possible et non fraîchement fumée, car le Pois n'aime pas le fumier; il est démontré par l'expérience que le Pois semé en terre récemment fumée est stérile : de nain il devient à rames; de moyen il devient géant, fleurit peu et ne produit rien. Il ne faut donc le cultiver que comme assolement, c'est-à-dire après d'autres plantes qui auront reçu de l'engrais. Depuis bien des années nous semons à cette époque de cette manière, nos Pois hâtifs, et jamais nous n'avons eu lieu de nous en repentir.

Plantations.

Le jardinier peut planter, pendant ce mois, de l'ail, de l'échalotte et la pomme de terre; celle-ci se plante plutôt à la fin qu'au commencement du mois ; elle aime les sols sablonneux et légers, les engrais secs ou les fumiers consumés. On choisit les tubercules moyens, sains et bien constitués; on les plante entiers, à 15 ou 18 centimètres de profondeur, et on les recouvre de terre, de manière à former une butte comme on la pratique lorsque la plante est déjà forte; cette butte, de 25 à 30 centimètres d'épaisseur, est suffisante pour préserver le tubercule des fortes gelées. Lorsque celles-ci ne sont plus à craindre, on nivelle le sol et on traite la plantation comme celle qu'on fait au printemps. Par cette méthode, le tubercule est toujours exempt de la maladie.

2° Couches.

Le jardinier primeuriste prépare, au commencement du mois, les couches pour les radis, les laitues crêpe, Gotte et Simpson, et pour les fraises à gros fruits. Vers la fin du mois, il en monte de nouvelles pour les cultures semblables. Bien que plusieurs variétés de fraises soient spécialement propices à la culture forcée, on peut, toutefois, utiliser toutes les variétés fertiles à cette sorte de culture; mais, pour obtenir des résultats favorables, il faut prendre quelques soins; ces soins consistent, pour toutes les variétés en général, à lever de pleine terre, au commencement de juillet, de forts œilletons formés l'année précédente, c'est-à-dire âgés de plus d'un an, qui n'ont pas fleuri et qu'on a empêché de stalonner, de les tenir en pot par deux ou par trois et de leur faire acquérir une bonne vigueur. Vers la fin du mois ou le commencement d'août, on les abandonne, pour ainsi dire, à eux-mêmes, c'est-à-dire qu'on les fait endurer; on les maintient dans cette espèce de léthargie jusqu'au moment de les forcer. Ces plants, graduellement chauffés et convenablement cultivés, reprennent insensiblement toute leur vigueur et ne tardent pas longtemps à fleurir et à donner leurs fruits. Mais, pour les obtenir beaux, ces fruits, il faut : 1° retrancher sévèrement les fils dès qu'ils apparaissent; 2° arroser prudemment, faire pousser et non pourrir ; 3° retrancher les fleurs tardives et même les dernières nouées, lorsqu'on est assuré de deux ou trois beaux fruits par tige ; 4° donner de l'air lorsque la température s'élève ; 5° relever la chaleur de la couche lorsqu'elle diminue ; 6° enfin tenir les plantes dans un parfait état de propreté. On peut également forcer les premiers nés plus jeunes des variétés de Fraises, qui se prêtent facilement à la culture forcée ; on les choisit alors au mois de septembre, et on les traite comme les plus âgés.

Floriculture : 1° Plein air.

Dès que les premières gelées se font sentir, on relève et on rentre les rhizomes de *Canna*, qu'on place dans la serre tempérée, en un lieu sec. Vers la fin du mois ou même avant, si les gelées se font sentir, on rentre les tubercules de dahlias qu'on porte à la cave ou au cellier ; on coupe court les rosiers délicats et on les recouvre de litière sèche ; on sépare et on replante les plantes vivaces et rustiques, particulièrement celles qui végètent de bonne heure ; on ne touche pas à celles qui sont délicates et qui craignent les hivers rigoureux.

Le jardinier peut bouturer à l'air libre une grande quantité de végétaux ligneux, tels que les *Groseilliers à fleurs*, la *Boule de Neige*, le *Weigelia rosea*, le *Coignassier du Japon* qui réussit bien en terre de bruyère et à demi-ombre, surtout lorsqu'il est séparé de la mère-plante avec un bourrelet formé dans le sol et non en dehors ; on multiplie par le même drocédé beaucoup d'autres végétaux ligneux.

Vers la fin du mois, on donne au parterre sa tenue d'hiver ; on laboure les plates-bandes vacantes, ce qui prédispose le terrain à s'amender pendant l'hiver et le rend propice à la végétation du printemps. Si le jardinier a su préparer, pendant le mois dernier, une terre meuble et perméable, il implantera, s'il le juge à propos, toutes les *Anémones*, les *Renoncules* et les *Hépatiques* qu'on cultive dans les jardins, les *Crocus*, le *Sabot de Vénus*, le *Dodecatheon Meadia* (douze divinités), l'*Erythronium dens-canis*, les *Fritillaires* variées, les *Iris de Perse*, *Xiphium* et *Xiphioides*, les *Leucoium æstivum* et *vernum*, le *Muguet de mai* et plusieurs espèces de *Lis* rustiques.

2° Orangerie et Serres.

Toutes les plantes de serre et d'orangerie doivent être rentrées; toutes doivent être tenues avec le plus de propreté et rangées avec le plus de goût; elles doivent être placées de manière à se rehausser entre elles et non à s'éclipser ou à se nuire. Telle plante, par exemple, qui emprunte son éclat à son splendide feuillage, ne doit pas être placée au milieu de plantes de même nature ou aussi belles et aussi remarquables qu'elle, mais bien, au contraire, au milieu de plantes un peu inférieures. Dès qu'une feuille se dessèche ou jaunit, le jardinier doit la faire disparaître ; il n'arrosera qu'en cas d'urgence, souvent de légers bassinages suffisent pour entretenir la fraicheur, la santé et la vigueur. Il se gardera de faire du feu dans l'orangerie et la serre froide, si la température se maintient à zéro ou même un peu au-dessous ; il donnera, au contraire, beaucoup d'air aux plantes toutes les fois que le temps le permettra.

Si le jardinier a eu la précaution de rentrer de bonne heure quelques pieds de *Rosiers de la Chine*, du *Bengale*, d'*Héliotrope du Pérou* et de *Réséda*, il les utilisera pour orner et embaumer les serres froides et l'orangerie. Si les pucerons envahissent les plantes, on aura recours au procédé qui est indiqué au mois d'août.

On plante en vase, pour forcer dans la serre tempérée, les *Ixia*, les *Narcisses*, les *Sparaxis*, les *Tigridies*, le *Vieusseuxia* et les variétés de *Zephyrathes*.

3° Arboriculture.

Si l'horticulture maraichère chôme un peu, il n'en est pas de même de l'arboriculture : les semis, les stratifications, les tailles, les déplantations, les plantations, les expéditions occupent sans relâche, lorsque le temps le permet, le pépiniériste et tout ce qui vit de la pépinière.

Le semeur confie au sol ou met en stratification toutes les graines qui demandent à être semées ou stratifiées aussitôt après leur maturité. Différemment, ces graines ne lèveraient que la deuxième année ou ne germeraient pas, si on différait jusqu'au printemps de les semer.

Semis.

On sème en pépinière et en planche dans un terre meuble, douce et légère, à une petite profondeur, les graines d'*Alizier*, d'*Aulne*, de *Bouleau*, de *Cerisier*, de *Sainte-Lucie*, de *Charme*, de *Coignassier*, d'*Epine*, d'*Erable*, de *Frêne*, de *Fusain*, de *Paliure épineux*, de *Plaqueminier*, de *Poirier*, de *Pommier*, de *Rosier*, de *Troëne*, de *Sophora Japonica*, de *Vigne* et de *Tilleul*. On sème dans la même terre, mais plus profondément, celles de l' *Amandier*, du *Châtaignier*, du *Chêne* , du *Hêtre*, du *Marronnier de l'Inde*, du *Pavia*, du *Noisetier*, du *Noyer*, du *Prunier*, du *Pêcher*, de l'*Abricotier*, etc., et toutes les autres grosses graines.

Une terre bien terreautée, fraîche et demi-ombragée, convient aux graines de *Cerisier Azarero*, *Laurier-cerise*, *Clématite*, *Filaria*, *Genièvre*, *Houx*, *If*, *Mahonia*, *Pin du Lord*, *Pin Cembro* et d'autres conifères rustiques. Il est même plus avantageux de semer toutes les graines de *Conifères*, d'*Azarero*, de *Magnolia*, de *Laurier-cerise*, dans de grandes caisses ou dans des plates-bandes environnées de planches.

Les graines fines se sèment presque à la surface du sol; il est bon, pour ne pas les exposer à être dérangées, de les recouvrir d'une petite litière très peu épaisse. Les graines moyennes sont recouvertes d'un centimètre à peu près de terreau, et les grosses sont placées de 3 à 4 ou 5 centimètres de profondeur, selon leur volume.

Plantations.

Le mois de novembre est un mois très favorable pour planter toutes les espèces d'arbres dans les terres sèches, légères et chaudes. Mais, si on ne possède que des sols compactes, durs, humides et froids, il vaut mieux ajourner les plantations au printemps et pratiquer seulement les travaux préparatoires, c'est-à-dire qu'il faut faire des trous larges et profonds, défoncer, charrier la terre meuble, le terreau, etc., etc.; car, si on attendait le moment de planter pour faire tous ces travaux, il arriverait certainement tout le contraire de ce qu'on espère; en effet, l'avenir de la plantation serait peut-être gravement compromis.

Ainsi donc le jardinier qui voudra planter dans ces

sortes de terres, au mois de novembre, voudra se rappeler qu'il est important de préparer le sol longtemps d'avance par des labours souvent répétés, et d'en changer la nature par des amendements bien combinés.

Les arbres, nouvellement plantés, et qui sont exposés aux vents violents, doivent être soutenus par des tuteurs. Souvent les jeunes arbres sont détruits, faute d'avoir reçu un appui.

S'il s'agit de remplacer un arbre âgé, mort de vieillesse ou par accident, par un arbre de même espèce, il faut avoir la précaution de faire des trous très grands, très profonds, et de remplacer la terre par une terre neuve et de bonne qualité. Si c'est contre un mur qu'on doit planter, il faut encore, après cette opération, boucher toutes les crevasses et les trous du mur, le recrépir ou le badigeonner, changer les liteaux ou les rafraichir au rabot.

Celui qui éprouverait des difficultés pour faire les changements de terre, ou qui n'en voudrait pas faire les frais, peut remplacer l'arbre mort par un arbre d'une espèce différente. Dans cette circonstance, il opère comme pour une plantation ordinaire.

Les fumiers de litière qui sont frais ou en fermentation, sont très préjudiciables aux arbres en général et aux arbres fruitiers en particulier ; on ne doit employer pour les plantations que des fumiers très consumés, ou, mieux encore, des engrais animalisés, tels que les débris de cornes, d'os, de laines et les engrais artificiels bien préparés, qui jamais ne doivent être en communication directe avec les racines de l'arbre. Si ces racines ont subi des altérations, il ne faut pas oublier de les couper proprement en biseau, et faire, en les rangeant, que la coupe regarde en bas, c'est-à-dire qu'elle repose sur le sol.

Boutures et Greffes.

Le pépiniériste profite de ce mois, qui est un des meilleurs, pour bouturer une infinité de végétaux qui se multiplient facilement par ce procédé ; il n'oubliera pas, par conséquent, de se rappeler le vieux proverbe horticole qui dit qu'*A la Sainte-Catherine, tout bois prend racine.* C'est, d'ailleurs, vers la fin du mois que les boutures ligneuses sont en général le mieux constituées.

Nous lui conseillons d'essayer, au commencement du mois, pour sa satisfaction personnelle, quelques boutures *Lajaille*, prises sur les arbres à noyau et même sur ceux à pépins ; le rameau est coupé franchement sous un talon ou sous un nœud ; on le plante en terre à 8 ou 10 centimètres de profondeur, près d'un sujet bien portant, puis on le greffe par approche. La bouture se colle, s'enracine et donne naissance à un franc ; de cette manière on a un sujet greffé, plus un franc de pied ; on ne doit sevrer que deux ans après l'opération, les genres poiriers et pommiers. On se contente, pendant ce temps, d'écourter la tête des sujets, afin qu'elle n'affame pas la bouture et la partie soudée. Il est à propos de loger la bouture dans une terre appropriée à la circonstance.

Nous conseillons, en outre, au pépiniériste d'essayer, vers la même époque, quelques greffes en fente, en couronne et à la *Lagrange*, sur des arbres à noyau. Peut-être n'aura-t-il pas lieu de s'en repentir, car des expériences assez nombreuses ont prouvé qu'on peut réussir souvent mieux qu'au printemps.

Taille.

Si le temps n'est ni au grand vent, ni à la pluie, ni à la gelée, on peut tailler les arbres fruitiers qui sont faibles, languissants ou de petite venue. On commence par ceux qui, les premiers, ont perdu leurs feuilles. Après la taille, on les débarrasse des cryptogames qui les recouvrent, de toute leur vieille écorce, et on les badigeonne avec du sulfure de calcium liquide préparé à cet effet. On enlève ensuite une couche de terre de 12 à 15 centimètres d'épaisseur, aussi loin que s'étendent les branches, même un peu au-delà, et on la remplace par de la terre neuve ; il est très à propos, avant de mettre cette terre en place, de répandre sur toute la partie découverte une légère couche de râpures de cornes ou de tous autres engrais de cette nature. Une fois le trou rempli, on recouvre toute la partie remuée avec une litière courte, épaisse de 2 à 3 centimètres. Si le tailleur ou le jardinier a eu la précaution d'enlever à l'arbre l'excès des boutons à fruit qu'il portait, il peut être assuré que l'arbre se portera mieux l'année prochaine, et qu'il rapportera de beaux et bons fruits. On taille les arbres vigoureux, au commencement de février, et les très vigoureux, à la fin et même dans le courant de mars.

Plantes recommandées.

Floriculture : 1° Plantes de plein air.

Peu de fleurs produisent autant d'attraits dans les jardins, pendant les mois d'automne, que les glaïeuls. Le groupe connu sous le nom de *Gladiolus Gandavensis* est particulièrement remarquable. Il s'est enrichi, depuis un petit nombre d'années, d'une multitude de brillantes variétés, parmi lesquelles se trouvent celles dédiées à M. et à Mme Standish et à Mme Lesèble. Cette dernière variété est à grandes fleurs blanches. Les trois pétales inférieurs sont partagés dans leur milieu par une ligne astée d'un pourpre carmin, qui se prolonge en une teinte rosée, fondue jusqu'à l'extrémité du limbe. La base des trois pétales supérieurs est relevée de petites macules pourpre violacé.

La variété *M*[me] *Standish* est également grande, d'un blanc pur; les trois pétales du dessous sont un peu fardés de rose carminé.

Le *Glaïeul M. Standish* est, comme les deux précédents, à grandes fleurs et de forme irréprochable; sa teinte est l'écarlate cramoisi, sauf une tache blanche sur deux pétales inférieurs.

Voici deux Œillets nouveaux bien dignes de figurer dans les collections de nos semeurs et de nos amateurs. Le premier, *Révérend H. Matthew*, est remarquable par la pureté de son coloris, par la régularité de ses pétales et leur parfaite imbrication; le fond est blanc, pur, bordé d'une ligne rosée liliacée, qui se termine d'une manière très franche à un demi-milimètre du bord du limbe, presque aussi arrondi qu'une pièce de cinquante centimes.

Le second, *Beautiful* est à fleurs plus grandes; les pétales sont plus grands et aussi réguliers, sauf ceux du cœur qui sont plus étroits et plus irréguliers ; le fond en est également blanc, régulièrement bordé d'un liseré rose tendre. Les corolles rosacées de ces deux variétés sont pleines et bombées; leur coloris est d'une délicatesse que rien n'avait encore égalé jusqu'ici.

Une de ces conquêtes horticoles, comme on en compte tant, vient de métamorphoser une des plus vulgaires plantes de nos parterres en une ravissante et superbe nouveauté A l'avenir, le *Zinnia* ne s'appellera plus simplement *Elegans;* il mérite un superlatif car ce n'est plus lui, c'est une fleur large, bombée, qui a échangé tous ses fleurons en demi-fleurons, qui s'imbriquent d'une manière régulière les uns sur les autres pour former des capitules caractérisés et ornés des plus riches couleurs, tel que le pourpre, le rouge, le rose tendre, le rose vif, le carmin, l'orange, le rouge orange, le chamois, le violet tendre, etc.

Clintonia pulchella azurea grandiflora. Cette charmante petite Lobéliacée annuelle se recommande par l'abondance de ses fleurs, les plus grandes du genre, et par la richesse de son coloris bleu d'azur foncé, magnifique, rehaussé par une macule blanche et jaunâtre qui règne à la base de la labelle inférieure. On observe sur cette macule trois petits points bleus, ronds, auxquels on a donné le nom d'*Yeux*.

La *Clintonia pulchella atropurpurea* est aussi une nouveauté des plus méritantes ; ses fleurs sont grandes, d'un lilas rouge ; la labelle inférieure est à fond blanc et jaune, relevée à sa base d'une macule pourpre.

Ces deux très intéressantes variétés s'élèvent, comme leurs congénères, à 15 centimètres de hauteur ; elles forment de délicieuses bordures pendant l'été, et fleurissent depuis le commencement de juin jusqu'à la fin de septembre ; elles sont aussi très propres à garnir, pendant l'hiver, les lampes suspendues dans les serres chaudes et tempérées.

On sème la graine en avril, mai et juin, même beaucoup plus tard si l'on veut avoir des fleurs pendant l'hiver. Comme la graine est très fine, il faut la semer en terre de bruyère ou terreau de feuilles à la surface, qu'on recouvre de petits brins de paille hachée ou de fragments de mousse sèche ; on lève les plants par petites touffes, et on les repique de même.

Plantes de serres froide et tempérée.

Le nombre des Azalées de serre est tellement considérable, que l'amateur a le droit de se montrer sévère dans le choix et l'appréciation des nouveautés : la tenue des fleurs, leur forme et leur coloris doivent être irréprochables ; les contours réguliers, les nuances pures et nettement accusées. Nous nous empressons de signaler celles qui nous semblent réunir toutes ces qualités.

Azalea president. Fleurs grandes, corolle régulière, fond blanc, milieu des labelles lavé de rose pâle ; la partie supérieure de la gorge est relevée en petites macules carmin.

Azalea étoile de Gand. Fleurs grandes, corolle régulière, fond blanc pur, strié et rabané de rose tendre et de rose carmin.

Azalea Carnation. Fleurs grandes, d'une régularité parfaite, presque rondes ; corolle rouge saumoné, tirant sur l'orange foncé ; la partie supérieure de la gorge est relevée de petites macules rouge brique ; les filets des étamines sont d'un rouge cramoisi.

A ces trois variétés si parfaites et si distinctes, ajoutons-en d'autres aussi distinguées, mais d'un autre genre. Citons, en première ligne, le *Camellia souvenir d'Emile Defresne*, que nous trouvons décrit et figuré dans l'*Illustration horticole ;* copions surtout textuellement la phrase de M. Ch. Lemaire, car elle peint aussi bien la fleur qu'a du le faire l'artiste chargé de la reproduire.

« Tous les nombreux connaisseurs qui l'ont visité, ce « printemps, dans l'établissement Verschaffelt où il se « trouvait dans la plus luxuriante floraison, se sont trou- « vés d'un commun accord pour en proclamer la préexcel- « lence, tant pour la régularité parfaite de sa forme flo- « rale imbriquée que pour la splendeur de son coloris; « coloris d'un rouge vermillon tellement éclatant, que « l'artiste, après maintes tentatives, c'est vu forcé de « ne l'imiter *que de loin!* En outre, de superbes macu- « les fasciées blanches relèvent et interrompent agréa- « blement ce que la vivacité de la teinte pourrait présen- « ter de dur. »

Une floraison abondante et un épanouissement facile des fleurs augmentent encore le mérite de cette variété, qui, de l'aveu de tous les amateurs, est l'une des plus belles qui se soient vues jusqu'ici.

ARBORICULTURE.

Arbres fruitiers.

Si le *Pêcher Lindley* produit des fruits semblables à celui qu'a figuré la *Belgique horticole*, dans son numéro d'avril et mai derniers, nous pouvons sans crainte en recommander la culture. La pêche Lindley décrite mesure 10 centimètres de diamètre et à peu près une hauteur égale. D'après le *Monatsschrift fur Pomologie*, ce fruit réunit, au plus haut degré, les meilleures qualités de grosseur, de beauté et de bonté.

Si les *Pêches Belle de Toulouse* et *Clémence Isaure* ont réellement le mérite que leur attribue M. Laujoulet, de Toulouse, il faut espérer que la Société d'Horticulture de la Haute-Garonne ne tardera pas à les recommander d'une manière toute particulière Voici, en attendant cette recommandation, ce qu'en dit l'introducteur M. Laujoulet :

« *Pêche Belle de Toulouse*. L'arbre se prête bien à la culture en plein vent, sans le secours d'aucun abri. Les yeux doubles et triples, très rapprochés entre eux, accusent une fertilité peu commune. La fleur noue bien. La peau, assez mince s'enlève aisément ; elle est blanche et frappée d'un beau rouge du côté du soleil. La chair se détache du noyau ; elle est fondante, pleine d'un jus parfumé dans les fruits que le soleil a rougis. »

« *Pêche Clémence Isaure*. Arbre vigoureux, robuste, peu sujet à la cloque, semble se préserver de l'attaque des pucerons et prospère en plein vent, sans abri. Fruits de 27 à 28 centimètres de circonférence (sans doute que, récoltés sur des arbres en espaliers, ils seraient beaucoup plus gros) ; la peau assez mince se détache aisément de la chair ; elle est jaune pâle du côté de l'ombre, rouge vif du côté du soleil. La chair, qui n'adhère pas au noyau, est jaune, fondante, juteuse et parfumée.

C.-F. WILLERMOZ.

Décembre.

Avec ce mois arrive la fin de l'année et l'hiver. Avec l'hiver arrive la suspension des grands travaux horticoles. La neige, la pluie et le froid forcent le jardinier à se reposer. Dans les villes, les ouvriers qui ne travaillent pas, mangent ce qu'ils ont gagné pendant les jours de travail; l'horticulteur, au contraire, gagne encore sa vie dans ses moments de loisir qu'il utilise toujours et qu'il doit toujours utiliser. Pendant qu'il pleut et qu'il neige, il confectionne et répare ses outils de jardinage; il remet en état tous ses instruments; il fabrique des paniers et des corbeilles, il prépare des piquets et aiguise des tuteurs; il passe en revue ses cloches à melons, choisit et monde ses graines, stratifie celles qui exigent cette précaution, fait des étiquettes et des numéros pour les semis, dresse les comptes de ses clients; il se délasse, en un mot, par une multitude de petites occupations semblables.

Pendant qu'il fait sec, il charrie des terres et des terreaux pour l'amendement de son jardin; il profite du moment où le sol n'est pas trop humide ni trop gelé pour commencer les travaux d'assainissement. A cet effet, il pratique des fossés d'écoulement à ciel ouvert ou un drainage; les fossés sont moins coûteux et exigent moins de main-d'œuvre, mais ils privent le jardinier d'une partie de son terrain, et leur effet est moins efficace. Nous conseillons donc le drainage tel qu'il se pratique aujourd'hui, attendu que c'est le moyen le plus sûr d'assainir un sol et d'en conserver toute la surface à la culture.

Culture maraichère : 1° Plein air.

Semis.

Le jardinier profite des beaux jours du commencement du mois pour semer les Pois à égrainer, dans les parties inclinées de son jardin qui ont été bien fumées l'année précédente.

Jusqu'à ce que l'expérience se soit prononcée sur les deux cents variétés répandues dans le commerce, nous engageons les horticulteurs à s'en tenir aux bonnes variétés fertiles et rustiques, en tête desquelles nous plaçons le *Bivort*, l'*Empereur hâtif*, les *Michaux ordinaire*, *de Ruelle et de Hollande*, le *Pois d'Auvergne* et le *Quarantain de Niort*, tous à rames et à grains ronds. Parmi les nains, nous recommandons le *Nain hâtif à châssis*, rustique à l'air libre; le *Nain hâtif;* le *Nain ordinaire*, un des meilleurs; le *Bishop à longue cosse;* et le *Nain vert gros*. On sème aussi des Fèves de marais, du Persil, et on plante l'Ognon-patate; on butte les Artichauts et on les couvre de feuilles sèches ou de paillis longs, comme il est dit au mois précédent. On met en silos ou on rentre à la cave et au cellier les Carottes, les Céleris, les Cardons et toutes les plantes, en général, que la gelée peut altérer. On couche sur le sol les Choux dont les pommes sont formées, pour les garantir, non pas précisément de la gelée qu'ils ne craignent pas, mais de la neige qui, en se fondant, pénètre entre les feuilles de la tête, où presque toujours elle se congèle et désorganise complètement le végétal.

2° Couches.

Le jardinier continue à élever et à entretenir les couches qui lui servent pour cultiver les Pois et les Haricots forcés; les Laitues romaine, crêpe et Gotte; les Choux-fleurs et les Asperges; le Radis hâtif et la Rave hâtive; les Carottes courtes; les Concombres; les Melons cantaloup, petit Prescott, le noir des Carmes et l'orange; le Poireau et la Chicorée sauvage.

Floriculture : 1° Plein air.

On profite, dans ce mois, de quelques beaux jours pour planter les Crocus, les Hépatiques bleues, blanches, et roses, ainsi que leurs variétés rouge, carmin, violette, etc., etc., les *Galanthus nivalis* ou Perce-neige simple et double. Toutes ces plantes, sauf le Crocus, aiment la retraite et un demi-ombrage; elles se plaisent aussi dans les terres légères et riches en humus.

Le jardinier coupe au niveau du sol toutes les tiges des plantes qui ont achevé de fleurir ou qui sont desséchées; il peut planter sans inconvénient les *Rosiers à cent feuilles*, les *Damas* et les *Provins*, le *Deutzia gracilis*, le *Forsythia viridissima*, les *Weigelia*, la *Spirée à feuilles de prunier*, à fleurs pleines, et en général tous les petits arbustes qui s'aoûtent de bonne heure. Si le temps est sec et la terre trop humide, il continue, dans le parc, la toilette des arbres, arbustes et arbrisseaux d'ornement.

Serre froide et Serre tempérée.

Les serres froides et tempérées ne sont pas riches à

cette époque. Toutefois on y remarque les Œillets remontants, les Daphnés et les Primevères de la Chine, qui sont dans leur grande gloire ; les Héliotropes du Pérou, qu'on a rentrés de bonne heure, répandent aussi dans l'atmosphère une odeur suave. Bientôt les Rosiers du Bengale vont étaler leurs corolles; beaucoup d'autres plantes s'apprêtent à fleurir, si le jardinier a soin de leur venir en aide en maintenant dans la serre une température égale et soutenue, c'est-à-dire de 6 à 12 degrés centigrades au-dessus de zéro ; en donnant de l'air toutes les fois que la température extérieure le permettra ; en arrosant modérément, le matin, les plantes qui en auront besoin ; en maintenant la propreté dans la serre ; et en détruisant les insectes nuisibles qui ont pu s'y introduire lors de la rentrée des vases. Il plantera en terre légère et dans des pots bien drainés l'Amaryllis, Lis de St-Jacques, des Crocus, des Jacinthes, des Jonquilles, des Narcisses, des Tulipes, Duc de Thol, et des Anémones, qu'il aura soin de tenir seulement humides et près du jour.

Arboriculture.

On continue, pendant ce mois, à planter, dans les sols légers, les arbres fruitiers d'espèces et de variétés peu vigoureuses ; on taille également, si le temps le permet, les variétés de petite venue ; si le sol est fort et qu'on ait à planter au printemps, on ouvrira les trous et on préparera le terrain qui s'amendera pendant l'hiver. On ne doit jamais toucher aux arbres lorsqu'il pleut, qu'il neige, qu'il vente et qu'il gèle.

Si la rigueur de la saison ne permet pas de semer en

pleine terre, on ne négligera pas de faire stratifier toutes les graines qui conservent peu de temps leur faculté germinative, comme les Noix, Noisettes, Amandes, Châtaignes, Marrons, Glands, pepins de Poires, de Pommes, de Coings, de Rosiers, de Raisins et de toutes celles à enveloppes dures, osseuses et baciformes. Cette méthode conserve la graine et hâte sa germination ; sans cette précaution, plusieurs pourrissent dans la terre ou ne germent que très inégalement, souvent dix-huit mois ou deux ans après avoir été confiées au sol, au printemps qui a suivi leur récolte. Les graines de Pin du Lord, de Pin Cimbro, de Sapin argenté, de Pinsapo, de Genévrier, d'If et de Cèdre du Liban, aiment à être semées après la récolte ou au sortir de leur fruit ; celles du Bouleau, du Houx, du Frêne, des Clématites, de Platane, de Plaqueminier, de Filaria, de Tilleul, se trouvent mal d'attendre le printemps ; il faut donc les semer de suite après la récolte, ou les mettre en stratification.

Pendant ce mois, on commence à nettoyer les arbres couverts de mousse et de vieux fragments d'écorce, avec la précaution de les enduire ensuite d'une couche de sulfure de calcium ; on coupe une partie des branches (à 10 ou 15 centimètres de leur naissance) des arbres qu'on veut regreffer à la Lagrange au printemps ; toutes les plaies devront être soigneusement recouvertes pendant l'hiver avec de l'onguent Forsyth ou de mastic liquide.

Au mois de décembre, la chute des feuilles est à peu près terminée ; on n'oubliera pas de les ramasser avec soin : elles serviront à couvrir les plantes qui réclament un abri pendant l'hiver, surtout à leur pied ; elles serviront en outre à confectionner des couches sourdes et à faire de la litière, si on a quelques animaux à l'écurie; plus tard, elles fourniront aussi un très bon terreau si on les mélange avec un peu de terre fine, accompagnée de chaux en juste proportion.

Comme tous les fruits d'ornement ont atteint leur maturité à cette époque de l'année, on fera bien de les récolter, du moins ceux qui peuvent fournir des graines pour la multiplication, et de les traiter comme nous l'avons dit plus haut.

Plantes recommandées :

Culture maraichère.

1° M. L. D'Ounous, directeur de l'Institut d'orphelins de Saverdun (Ariége), fait un grand cas de la *Pomme de terre Mazard*. Selon lui, ce serait une variété à plantation tardive et à récolte hâtive, c'est-à-dire qu'on peut la planter tard et cependant la récolter de bonne heure, parce qu'elle forme promptement ses tubercules. A l'Institut agricole, dit-il, elle n'est jamais plantée qu'en deuxième ou troisième récolte, après celle des pommes de terre hâtives, des Choux, des Fèves, des Pois et des Carottes.

On peut planter cette Pomme de terre depuis la fin de mai jusqu'à la mi-août; récoltée à la fin de septembre, elle donne des produits aussi abondants que les espèces hâtives et que notre bonne et excellente Truffe jaune d'août. La Pomme de terre Mazard, ajoute M. D'Ounous, n'est pas de première grosseur, mais sa saveur est excellente, sa cuisson prompte et facile. Quelle précieuse ressource pour des établissements qui alimentent de 150 à 160 personnes et de nombreux animaux de basse-cour !

M. Bailly, de Châteaurenard, recommande d'une manière toute particulière une Courge verte qu'il nomme *Courge Artaud*, et qui semble être une variété de la Courge sucrière du Brésil. Outre les bonnes qualités qui distinguent la Courge Artaud comme fruit comestible, on pourrait dire comme légume, dit M. Bailly, je lui en connais une autre bien précieuse : c'est d'être extrêmement productive et d'une très facile culture. Un carré de jardin ayant 162 mètres superficiels, a produit 280 fruits du poids moyen de 3 kilogrammes chacun, ce qui donnerait une récolte de 50,000 kilogrammes par hectare et équivaudrait aux meilleurs rendements de Betteraves, Carottes et Pommes de terre, les plus productives des racines.

3° Le même auteur recommande le *Concombre vert long hâtif* ou *Pike's defiance*. Cette variété est très hâtive, très fertile et le fruit gros. Chaque plante produit en moyenne 25 fruits ; ceux-ci sont allongés, cylindriques, parfois légèrement arqués dans leur totalité ou dans une partie seulement de leur longueur, en général assez brusquement amincis à leur extrémité pédonculaire ; la longueur de ces fruits varie de 30 à 50 centimètres, et leur poids de 800 à 1,500 grammes.

4° M. le marquis de Saint-Innocent, président de la Société Autunoise d'Horticulture, est un des plus savants et des plus distingués amateurs d'horticulture de France. Il ne se contente pas seulement de cultiver avec goût les plantes de serre chaude, de serre tempérée et serre froide, les plantes et les arbustes qui ornent les jardins, il cultive encore avec zèle et des soins particuliers les plantes potagères.

Parmi les espèces qu'il cite, nous recommandons principalement les suivantes, comme n'étant pas encore très répandues dans nos cultures maraîchères :

5° *Céleri rouge gigantesque de Baillie ;*

6° *Chou cabus blanc*, petit hâtif; le plus dur et le plus fin, saveur du chou-fleur ;

7° *Chou très hâtif de Wursing*, espèce précieuse, section des Milans, pommant de très bonne heure, au premier printemps, longtemps avant les autres, forme du chou pain de sucre.

8° *Chou-fleur de Saint-Lambert*, donné comme supérieur à tous les choux-fleurs connus jusqu'à ce jour, qui pomme en septembre et octobre ;

9° *Chou-fleur Statholder*, variété tardive d'un grand mérite ;

10° *Laitue verte royale*, nouvelle variété montant très difficilement, précieuse pour la culture d'été ; elle est des plus rustiques et passe l'hiver à l'air libre sans abri ;

11° *Melon petit des Carmes*, grimpant et ramant, chair rouge très sucrée, d'un parfum exquis, à écorce très mince ;

12° *Poirée nouvelle à côtes monstrueuses ;*

13° *Salsifis noir amélioré*. Contrairement à l'espèce ordinaire, cette variété ne donne, la première année de semis, aucune tige à fleur, de sorte que la racine gagne considérablement en grosseur et en qualité. C'est une acquisition de premier mérite.

Floriculture.

Arbrisseaux de plein air.

Peu de plantes fleurissent à l'air libre pendant ce mois ; toutefois celles qui s'éteignent et celles qui s'épanouissent, sont pour le bon et honnête jardinier le symbole de la vie. En effet, le *Chrysanthème de l'Inde* qui se fane lui apprend qu'il est à la fin de l'année , comme l'*Ellébore noir*, ou Rose de Noël, qui éclôt, lui annonce l'anniversaire de la naissance du Rédempteur du monde et l'approche d'une nouvelle année.

Nous recommandons à nos horticulteurs :

1° *Rose Reine des Violettes* (hybride remontante). Les fleurs épanouies de cette superbe plante n'ont pas moins de 10 centimètres de diamètre. La plante est vigoureuse et d'une fertilité florale tout exceptionnelle ; le feuillage est ample, à stipules et pétioles rouges , ainsi que les aiguillons des rameaux ;

2° *Cydonia Japonica Ganjardii*, à fleurs d'un rose vif ;

3° *Cydonia Papeleuii*, dont les fleurs, d'un jaune citron très pâle, sont légèrement teintées et bordées de rose tendre ;

4° *Cydonia princesse Emilie Soutzo*, aux fleurs grandes et d'un rouge sanguin foncé.

Ces trois variétés, jointes aux variétés plus anciennes et aux espèces déjà connues, formeront des massifs magnifiques, qui fleurissent dès le mois de février. On les multipliera comme leurs congénères, soit par éclat, soit en les greffant à l'œil dormant sur le coignassier commun, mais près du collet.

5° *Mahonia intermedia.* Cette Berbéridée est vigoureuse et rustique, peu difficile sur la nature du sol, préférant cependant les terres légères et fraiches; les sols graveleux ou rocailleux lui sont moins contraires que ceux qui sont trop humides. La terre de bruyère lui convient parfaitement. Cet arbuste produit un charmant effet dans les bosquets et les massifs, qu'il orne au printemps par des bouquets de fleurs jaunes; dans l'été, par ses grappes de fruit bleu violacé, pruiné, et en toute saison par son port élégant et son beau feuillage.

6° *Viburnum plicatum.* Cette plante n'est pas nouvelle, car nous la cultivons depuis plusieurs années; mais ses fleurs blanches sont si fraiches, si délicates et si gracieuses, que nous devons la rappeler ici et attirer sur elle toute l'attention des vrais amateurs. Elle est originaire de la Chine, passe parfaitement l'hiver en plein air sans couverture, et fleurit chaque année.

7° *Callistemon pendulus* (Myrtacées). Ce charmant petit arbrisseau de la Nouvelle-Hollande a les feuilles étroites, linéaires-lancéolées. Ses gracieuses ramifications sont inclinées comme celles du saule pleureur; ses fleurs sont blanches mais peu apparentes. Ce végétal semble rustique et peu difficile sur la nature du sol.

8° *Spiræa Fortunei paniculata.* Cette plante est due à M. Billard, pépiniériste à Fontenay-aux-Roses. Elle diffère principalement de la plante-mère (*Spiræa Fortunei*) par la disposition de ses fleurs, qui, au lieu de former de grandes et larges ombelles plates, constituent par l'allongement des ramilles florifères, une panicule élargie à la base, surbaissée, arrondie au sommet. C'est une très belle plante, dit M. Carrière, du Muséum, qui, comme sa mère, a l'avantage de croître à peu près dans tous les terrains ainsi qu'à toutes les expositions. Les fleurs, plus grandes que celles de l'espèce, sont d'un rose très foncé. Cette plante se multiplie par boutures et par éclat.

9° *Dendromecon rigidum* est un petit arbrisseau dressé, bien ramifié, à écorce brun pâle; ses fleurs, de 45 millimètres de diamètre, sont portées par des pédoncules grêles, terminaux; elles sont formées de quatre grands pétales arrondis, finement crènelés aux bords et relevés en coupe. Les nombreuses étamines sont courtes, dressées, d'un jaune orange. « L'aspect de cette plante, dit M. Charles Lemaire, rappelle assez celui d'un saule, et ses fleurs, grandes et belles, d'un beau jaune, ressemblent à de grandes renoncules. C'est une bonne acquisition pour l'ornement des bosquets.

10° *Pêcher à fleurs doubles versicolores* (L. V. H.). Nous possédons une multitude d'arbrisseaux de pleine terre à fleurs charmantes, mais il serait difficile d'en trouver un dont les fleurs soient plus brillantes, plus fraîches et plus délicates que celles de cette variété de pêchers à fleurs. Elles sont doubles comme celles des roses Pompon, tantôt blanches comme la neige, tantôt blanche flagellées de carmin, d'autres carmin pur. Le mélange de toutes ces couleurs, uni à la verdure naissante de son joli feuillage, produit l'effet le plus coquet qu'on puisse imaginer. C'est encore un arbuste précieux, tout-à-fait rustique, dû aux voyages du célèbre Von Siebold, au Japon.

On le greffe sur Amandier, sur Prunier franc, sur Saint-Julien ou sur Mirobolan.

Serres froides et tempérées.

1° *Fuchsia Solferino.* Cette variété est sans contredit une des plus belles et des plus riches du genre. Port élégant, beau feuillage, fleurs très amples et très pleines, à calice coeciné, à pétales bleu d'outre-mer, violacé vif, à reflets rouges, largement maculés de cette dernière couleur. Tels sont les titres qui militent en sa faveur.

2° *Decaisnea insignis* (Hook). C'est un arbuste à tiges grêles et dressées, dénudées sur presque toute leur longueur, et couronnées d'un bouquet de feuilles pennées, entre lesquelles se montrent en mai, des grappes de fleurs verdâtres. Le port et les feuilles rappellent assez les *Mahonia ;* une moëlle abondante remplit les tiges comme chez certaines Araliacées. Les fruits, qui mûrissent en octobre, sont extrêmement remarquables. Ils consistent en trois follicules bacciformes, divergents, à surface rugueuse et d'un jaune pâle, s'ouvrant chacun par une suture ventrale et laissant voir, dans une pulpe blanche, deux rangées de graines ellipsoides roses. Cette pulpe est succulente, douce et très agréable au goût. Cette plante habite les régions australes et tempérées de l'Himalaya ; peut-être sera-t-elle de pleine terre dans le midi de la France, particulièrement dans les départements du Var et des Alpes-Maritimes.

3° *Azalea indica, Comte de Hainaut* (Vervaen). Cette variété n'est pas remarquable seulement par son beau feuillage corsé, large, luisant, mais encore par ses fleurs; elles sont d'un rose vif satiné, ornées d'une macule extrêmement large sur plusieurs de ses pétales. Ces fleurs elles mêmes tiennent moins de celles des Azalées que de celles des Rhododendrons, ce qui donne à penser que probablement un de ces derniers est intervenu dans le croisement. Ces fleurs sont très-doubles.

4° *Meconopsis simplicifolia* (H. F. et T.). Cette espèce de pavot bleu indigo est plus belle et plus riche que le *Meconopsis Wallichii* bleu clair. Elle est, d'après M. J.-D. Hooker, la plus belle et la plus remarquable de toutes les fleurs alpines du Sikkim, si ce n'est de tout l'Himalaya. Elle est très commune dans les lieux rocheux, à 4,000 m. d'altitude. L'expérience et le temps feront connaître le mode de culture le plus convenable de cette intéressante plante.

5° *Camellia comtessa Lavinia Maggi* (comte Onofrio Maggi), Imbrication magnifique, fleur très grande ; rien n'est beau comme son bouton à demi épanoui ; il est d'une rondeur, d'une grosseur hors ligne. Ses pétales, extrêmement nombreux, bien ronds, bien imbriqués, de première grandeur, blanc pur, sont nettement maculés de très beau carmin foncé.

6° *Calicarpa purpurea* (Var.). Cette nouvelle plante est, dit-on, Chinoise. Le docteur Lindley suppose qu'elle provient de l'un des voyages qu'a faits en Chine le célèbre voyageur Fortune. Elle passera peut-être l'hiver en pleine terre dans le midi de la France, peut-être même dans le centre avec couverture. Elle fleurit au commencement de l'été, et se couvre, vers l'automne, de très nombreuses et très jolies baies d'un lilas purpurin, qu'elle conserve tout l'hiver en serre froide.

ARBORICULTURE.

Arbres forestiers.

1° *Pinus inverta*. Pin pleureur (Rich. Smith.). Le *Pinus inverta* est un arbre extraordinaire, obtenu de graines du Sapin de Norwège (*Pinus epicea*). Son aspect insolite et ornemental le fait distinguer de tous ses congénères et lui fera mériter une place spéciale dans tous les parcs d'une certaine étendue.

2° *Abies Williamsoni*, Sapin de Williamson (Newb.). Cette espèce, découverte par Williamson entre les 45° et 46° de latitude, près de la rivière Colombia, croît sur les montagnes, près des limites des Neiges éternelles. Sa hauteur ordinaire est de 30 à 35 mètres. C'est, dit M. Newbarry, la plus belle espèce du genre ; son port est gracieux et ses rameaux irrégulièrement étalés. Elle sera parfaitement rustique sous notre climat.

3° *Cheirostemon platanoïdes*, arbre à la main des Mexicains (Humb. et Bonp). Cet arbre atteint environ 20 mètres de haut ; ses feuilles, confinées à l'extrémité des rameaux, sont cordées, assez obtuses, d'une texture ferme et presque coriace, longues de 15 centimètres sur douze de large, creusées d'un profond sinus à la base, de trois à sept lobes ; ses fleurs sont grandes, solitaires, latérales et oppositifoliées ; elles éclosent en mai et sécrètent une grande quantité de sucre. Les étamines, d'un rouge vif, longues d'environ 10 centimètres, sont soudées au tiers de leur longueur, en une colonne tubulaire unie au périanthe ; plus haut, elles sont libres et ont exactement la forme des doigts d'une main humaine.

Nous avons obtenu de semis, il y a deux ans, un de ces arbres curieux ; mais nous n'avons pas encore osé le sacrifier à la pleine terre, bien qu'il se plaise, dit-on, dans une température hivernale de 10° à 12°.

Arbres fruitiers.

1° *Pomme Aga.* Cette pomme est cultivée dans les environs de Christiania (Norwège) ; elle est belle et bien colorée. Sa hauteur est de 6 centimètres, et son diamètre de 8. Elle exhale un arôme très fin de pomme reinette ; elle est classée dans les pommes de premier ordre.

2° *Pomme grenade du Hardanger* Cette variété est originaire du même pays que la précédente. Voici ce qu'en dit M. Schubeler, de Christiania : « Encore une pomme nouvelle, digne d'observations et issue du 60° degré de latitude. » La chair est blanche, ferme, très fine, arômatisée, sucrée. Ce fruit, d'une belle grosseur, de toute première qualité, répand un parfum délicat et appétissant.

3° *Prune comte Gustave d'Egger* (An. de Pomol. Belg.). Ce fruit est assez gros, ovale, aplati vers le pédoncule et souvent divisé en deux lobes inégaux ; sa longueur est d'environ 5 centimètres et son diamètre de quatre et demi. La peau assez épaisse est d'un jaune d'or, lignée de rouge-cerise près du pédoncule, ponctuée de même couleur et de points blancs et gris ; la chair est jaune foncé, fine, ferme, succulente, remplie d'un jus sucré, d'une saveur analogue à celle de la Reine-Claude, de toute première qualité. Maturité : fin d'août.

4° *Prune Isabelle* (An. de Pom. Belg.). Cette variété est de forme ovalaire, d'un beau volume, mesurant en moyenne 6 à 7 centimètres de long sur 5 de large au milieu. La peau est épaisse, rouge-brun à la maturité, plus claire du côté de l'ombre et ponctuée de jaune; elle se sépare facilement de la chair; celle-ci est blanche, jaunâtre, juteuse, d'une saveur riche, sucrée, très agréable. Maturité : mi-août.

C.-F. WILLERMOZ.

TABLE DES MATIÈRES

FIN.

Lyon. — Imprimerie Nigon.

www.ingramcontent.com/pod-product-compliance
Ingram Content Group UK Ltd.
Pitfield, Milton Keynes, MK11 3LW, UK
UKHW021826190726
13853UKWH00003B/1220

9 782329 602653